東京電力の変節

最高裁・司法エリートとの癒着と原発被災者攻撃

後藤秀典
Goto Hidenori

旬報社

目次

序章　被災者攻撃の裏側

「おはようございます。お疲れのところすみません」

声をかけると、「大丈夫です」と笑顔で返してくれたが、顔には少し疲れが浮かんでいた。

二〇二二年六月、埼玉県東部郊外のファミレスで、朝一〇時に待ち合わせたのは、看護師の河井加緒理さん（四〇歳）だ。夜勤明けでそのままやってきたという。

河井さんは、ひと月四〜六回の夜勤をこなしながら、高校二年生の息子と中学三年生の娘を育てるシングルマザーだ。埼玉県内の県営住宅で暮らしている。二〇一一年三月に発生した東京電力福島第一原発事故で、福島県いわき市から避難してきた。

河井さんは現在、国と東京電力を相手に、原発事故の責任を認め謝罪すること、そして、避難を余儀なくされ多くの損害を被ったことに対する損害賠償を求める裁判を起こしている。

もともと埼玉県出身の河井さんは、高校卒業後、飲食店などで働き、二二歳の時、職場の近くで働いていた男性と知り合い、結婚した。長男の妊娠を機に、夫の生まれ故郷であるいわき市にマイホームを三五年ローンで購入し、暮らし始めた。

そのころの暮らしを河井さんは裁判でこう陳述している。

「夫婦とも、平日勤務で、残業で遅くなるということもほとんどなく、家事、育児は二人で分担して行っていました。……季節の行事ごとに子どもたちも交えた親族の交流がありました。私は、子どもには自然の中でのびのびと育ってほしいという思いを強く持っていました。休みの日には、朝起きてすぐに海へ出かけ、子らを連れて海を散歩し、波と遊び、海が荒れた日も荒れた海を眺めました。夜には四人でベランダに並んで無数の星を眺めて、流れ星を探し、波の音に耳を澄ませたりしました。知人の所有する山での山菜狩りやタケノコ狩りに出かけました。山菜はその場で調理して食しました。……四季折々の自然の恵みを十分に味わい、平穏な家族生活を送っていました」

このまま生涯続くだろうと思っていた穏やかな暮らしは、福島第一原発の事故で吹き飛んだ。息子が五歳、娘が三歳の時だった。

原発が三度目の水素爆発を起こしたのをテレビで見たとき、「これはだめだ」と思い、家族四人で栃木県のスポーツセンターに避難した。いわき市は避難区域に指定されなかったものの、事故直後には約一万五〇〇〇人（人口の四・五％）の住民が避難している。

四月になると夫の勤める会社が再開されたため、夫はいわき市に戻り、家族ばらばらの暮らしが始まった。その後、河井さんは埼玉県内のみなし仮設住宅に二人の子どもと移り住んだ。そのころの夫との関係を河井さんはこう述べている。

「夫に早く埼玉に避難して来てほしい、一緒に居てほしい、という思いが募りました。しかし、夫はあまり自分の意見をはっきり言わず、私が求人雑誌を送って『早くこっちに来て』

『仕事、沢山あるよ。すぐ見つかるよ』と水を向けても、埼玉に一緒に避難するのか、いつ避難するのか、曖昧な態度でした」

夫は埼玉に移り住むことなく、休日に子どもたちに会いに来ることも減っていった。

「メールや電話でのコミュニケーションも減っていきました。……放っておかれているような気がし、私や子どもへの愛情に疑問を感じるようになりました。……そうして、夫とはすれ違いが続き、平成二三〔二〇一一〕年一一月に離婚しました。……今、落ち着いて思い返すと、夫も当時、とても苦しみ、悩んだのではないかと思います。夫はいわき市で生まれ育ち、家族、親戚、友人などすべての人間関係はいわき市周辺にありました。『いわき』という土地への愛着も、私よりずっと強かったと思います。それを捨てて、すべてをなげうって、見知らぬ土地に避難するという選択をするのはとても勇気のいることだったと思います。……夫婦で十分に話し合う心の余裕を持てず、結果的に夫婦の間で修復しがたい大きな溝を作ってしまったのです」

取り戻しのつかない被害

離婚後、河井さんは、看護助手の仕事につき、一人で必死になって二人の子どもを育てた。慣れない仕事と子育ての両立。河井さんは、精神的にも肉体的にもぎりぎりの状態に追い込まれていった。当時の様子を、河井さんは陳述書でこう記している。

「先の見えない不安感、突然襲われるめまいや浮遊感が現れ始め、仕事で疲れているはずなのに眠れない日々が続きました。そして、イライラが募って子どもに怒鳴ってしまうことが増え、しかしその直後には子どもに優しくできない罪悪感にさいなまれました。……子どもを育てるために仕事だけは続けなければと、体の不調をおして働き続けました」

「避難生活が二年をすぎた平成二五〔二〇一三〕年六月に限界が来てしまい、仕事に行けなくなりました。周囲のすべての人から責められているような気がして、外に出るのが怖くなってしまい、長女の保育園の送迎と買い物以外は自宅に引きこもる生活になってしまったのです。近所では、私が仕事に出かけなくなったことで、『お金、沢山もらってるんでしょ』『お宅は家賃を払わなくていいんでしょうけど、わたしたちは皆、生活が苦しい中で家賃を払ってるんですよ』等と言われました。確かに、家賃負担がないのはとても助かります。でも、それだけです。私たち自主避難者にはわずかな避難慰謝料と生活費実費が支払われただけです。それ以外はすべて失いました。自然にあふれた住み慣れた地域で、家族で揃って自宅で穏やかな日常を過ごす、自分の子育て方針で子どもを育てる、誰にとっても当然の生活を原発事故ですべて失いました」

二〇一二年、河井さんは、心療内科で全般性不安障害と診断された。翌二〇一三年仕事をやめ、生活保護を受給することになった。その後、二年間の治療を経て、週二回ほどパートの仕事に出られるようになり、その収入と生活保護で暮らした。河井さんは陳述書の最後に、こう述べた。

原発事故が避難者に与えた影響は不可逆的なのです。だからせめて、東電と国に対しては、きちんと謝ってほしいのです。今まで福島の住民に沢山の嘘をつき、情報を隠して、やるべき安全対策を怠った。その結果、福島の人たちを分断し、私たちが築いてきたささやかな幸せをすべて奪った。取り返しのつかないことをしたのだという、その責任をきちんと認めて、正面から謝ってほしいのです。そして、このようなことを二度と起こさないためにも、きちんと償ってほしいのです。

被災者を否定し、攻撃する東京電力

この河井さんの陳述に対して、東京電力は、A4用紙一六枚にわたる個別準備書面を裁判所に提出した。まず、河井さん夫婦の離婚と埼玉への避難について、こう述べる。

夫からの連絡がなく、長期の休みにも原告らに会おうとしなかったとの原告番号一八―一〔河井さん〕の供述を前提としても、かかる理由のみで離婚を決断することには合理的な疑問が残る。むしろ本件事故以前から原告番号一八―一と夫との間には性格の不一致など、何らかの離婚に至る理由があったことが窺われる。そうであれば、実際には原告番号一八―一は、本件事故以前から夫との関係がうまくいっていない中で、放射線からの避難と称して、……夫と離れて自らが慣れ親しんだ埼玉県に転居した可能性が高い。

り，また，同月の頭頃にいわき市の保育園再開の事実を認識していた（本人調書１９頁）以上，原告らが埼玉県へ転居したのは抽象的かつ漠然とした不安感に基づくものであることは明白であり，本件事故によって「避難」を余儀なくされたものとはいえない。

（２）埼玉県への転居やその後の居住継続は原告番号１８－１と訴外夫の不仲が関係していることが疑われること

原告番号１８－１は，平成２３年１１月２日に訴外夫と離婚している。

この点，当該離婚の理由について，原告番号１８－１は，「避難生活をしているときにに・・・夫が何を考えているのかあまり表現しなく，分からないことが多かった」，連絡をくれなかったり，仕事の長期休みに来てくれなかったりしたなどと述べている（本人調書７～８頁）。

また，一般に単身赴任の世帯は多数おり，本件事故の避難者においても別居を継続している家族も見受けられ，そのような世帯が離婚していることが多いといったようなこともないところ，訴外夫からの連絡がなく，長期の休みにも埼玉県で原告らに会おうとしなかったとの原告番号１８－１の供述を前提としても，かかる理由のみで離婚を決断することには合理的な疑問が残る。むしろ，本件事故以前から原告番号１８－１と訴外夫との間には性格の不一致など，何らかの離婚に至る原因があったことが窺われる。

そうであれば，実際には，原告番号１８―１は，本件事故以前から訴外夫との関係がうまくいっていない中で，放射線からの避難と称して，無償の県営住宅等に住むことで初期費用を抑えつつ，訴外夫と離れて，自らが慣れ親しんだ埼玉県に転居して生活することを選択した可能性が高い。

万が一，原告らの当初のさいたま市への移動が本件事故の放射線を懸念するものであったと解する余地があるとしても，同市での生活を継続したのは，本件事故以前から訴外夫と不仲であった等の事情があり，かつ慣れ親しんだ

404

河井さんに関する東京電力側書面

事故前から不仲であった可能性があるところ、夫と離れ、慣れ親しんだ埼玉県に再び居住する選択をしたにすぎず、これを放射線からの避難と称しているにすぎない可能性が高い。

そして、看護助手として働き、必死に子育てをしていたことについて、こう述べる。

平成二三〔二〇一一〕年七月には、埼玉県で仕事を始めている。かかる仕事は、二年ちょっと継続した看護助手の仕事のことであり、本件事故前半年ほど従事していた派遣社員としての仕事よりも安定的なものであったと考えられる。……〔二人の子どもについて〕埼玉県で新たな保育園に通い、その後、「埼玉で学齢期を過ごし、たくさん友達を作」っている。このように、原告らにおいて、埼玉県での生活状況が、慰謝料の発生を基礎付けるようなものであったとは到底言えない。

河井さんが全般性不安障害を患い、働けなくなったことについて。

事故後一年以上経過した平成二四〔二〇一二〕年四月初診の全般性不安障害の診断書を提出するが、そもそも原告らは「避難」する必要がないだけでなく、「全般性不安障害は、単一の原因をもとに発症するわけではなく、環境要因や遺伝的要因などが複雑に関与することで病気の発症に至ると考えられて」おり、……原告一八―一の全般性不安障害が、本件事故という単一の原因により発症したものとはいえない。

河井さんはこの東電側書面の全文を読んだ。

「言葉が出ない。吐き気がする。何の事実をもとに何を書いてるの？ 無理くりこういう方向でこじつけただけで、そこに私の感情はひとつもない。向こうの想像しているような私がいるだけで、私、そんなんじゃないですけど、みたいな……。〔一つ一つの事実を〕捻じ曲げてる。なんか信じらんないよね」

さらに河井さんはこう続けた。

「前に進みたいのに、震災前みたいに笑って過ごしていた毎日を取り戻したいだけなのに、ちょっとしたことで事故を思い出し、反応してしまい、傷つく。まだ終わってないんだな、解決してないんだな、という状態が毎日続いています。日々忘れたいけど、ちょっとのきっかけですぐ思い出してしまう。今のような状態から抜け出したいなってすごく思っています。抜け出すために、やっぱり、相手に反省している態度をちゃんと示してほしい。そうすれば『仕方なかったよね』って言ってあげられると思うんですよね。しかし、今は決してそんな気持ちにはなれない。東電にされた主張で、二次被害というか、また傷ついてしまった」

原発事故により取り戻しのつかない被害を多くの人々にもたらし、現在も少なくとも対外的には「反省」と「謝罪」の姿勢を示しているはずの東京電力――。だが、加害者であるはずの同社が裁判所に提出した書面には、被害者への攻撃的な文言が並ぶ。

いったい何が起きているのか。

東京電力側の弁護士による避難者原告に対する攻撃は、二〇二〇年ごろから、全国各地の原発避難者の裁判で頻発するようになった。

東京電力はなぜ、どのように、避難者攻撃戦術をとるようになったのか?

それを実行する東京電力側弁護士たちとは、どのような人々なのか?

彼らの背後と人脈をたどっていくと、電力会社、政府、最高裁判所、そして巨大法律事務所が深く結びついていることが明らかになってきた。その系譜を追う。

第一章　東京電力の変節と原発事故被害者

被災者を攻撃しはじめた東京電力

〝テレビがお友達〟の優雅な生活？

河井加緒理さんが原告のひとりになっている埼玉原発事故責任追及訴訟（以下、埼玉訴訟）は、事故から三年が経過しようとしていた二〇一四年三月に提訴された。

福島第一原発事故により埼玉県内に避難してきた避難者世帯の九五人が原告となり、国と東京電力に原発事故の責任を認めることと総額一一億円の損害賠償の支払いを求めてきた。

福島第一原発が立地する双葉町から避難してきた男性Aさん（六七歳）の裁判所への陳述書はこう始まる。

「私は、原発事故が起きる前、双葉町で、夫婦二人、たまに夫婦げんかをすることもありましたが、仲良く平和に暮らしていました」

双葉町に隣接する浪江町の出身のAさんは、一九九五年に同じ町出身のBさんと結婚、双葉町に移り住み、一五年余りを過ごしてきた。福島第一原発事故が起きるまで、Aさんは、東京電力の下請けとして、福島第一原発や第二原発で空調設備の工事を請け負っていた。Bさんは近所のゴルフ場で受付のパートをしていた。夫婦に子どもはいなかったが、双葉町での暮らしは、寂しくはなかったという。

「双葉町では、私も妻も、長年交際してきた友人や親威が近くにおり、一緒に食事をしたり、でかけたりしていました。毎年、お盆には私の母や兄弟が自宅に集まってくれ、とても賑やかでしたし、正月には友達同士が集まって新年を祝いました。……特に、妻は、小学校時代からの親友と毎日のように会っていて、兄弟のような様子でした」

Bさんとその親友は、週の半分はお互いの家を訪ねあい食事をし、夫がやきもちを焼くほど仲が良かった。

だが、その日常は、原発事故で一変した。

双葉町では震災当日の夜には避難指示が出され、二人は翌一二日の早朝、詳しい情報もない中、着の身着のまま、住み慣れた家を追われた。二人とも「二、三日すれば戻れるさ」という思いだったという。しかし、家に帰る日が来ないまま、福島県川俣町の体育館、埼玉県さいたま市のさいたまスーパーアリーナ、加須市の旧騎西高校、借上住宅（国のお金で公営住宅や民間住宅を借りて避難者に提供する住宅）を転々としながら避難生活を送った。避難所で配給される弁当と外食が続き、Bさんは持病の高血圧症と糖尿病が悪化した。さらに、以前は飲むことがなかったアルコールを飲むようになった。

Aさんは、双葉町を離れてからのBさんの避難生活について、こう述べた。

「妻はもともと明るく、人を笑わせる面白い性格で、決して引っ込み思案ではなかったのですが、今では、『外に出ても心を開くことができない。自分はひとりぼっちで、自分が亡くなったときに誰も葬式に来てくれないのではないか』『近所付き合いもする気になれない。身体が疲れて、ものを読む気にもならず、何かをやる気力が出ず、ただ生きているだけの毎日』『薬を飲んで、食べ物にも気をつけているが、鬱憤を晴らすために、つい食べ物に手が出てしまったり、（夫である私を）怒ってしまったりすることがある』などと嘆くことが多く、心配でなりません。……妻は、双葉町にいたころには毎日のように会っていた親友が横浜に避難し、離れ離れになってしまいました。双葉町の町並み、自然、見慣れた風景も、もうありません。妻のお気に入りの味噌も、もう買うことができません。妻は気丈にふるまい、私もそうしようと努力しましたが、今では、妻の心にも、私の心にも、大きな穴があいてしまったようです」

二〇二〇年九月、Aさんは緊張した面持ちで、さいたま地方裁判所の法廷に立った。そして、二〇一七年に埼玉県内の中古住宅に移り住んでからの暮らしぶりを話し始めた。

「引っ越しをした際に運び込んだダンボールの多くが、それから三年たってもそのまま放置され積んだままになっており、片付けをきちんとする性分であった妻なのに片付ける気力がわかないままです。妻は、友達も近所付き合いもなく、家の中では常にテレビをつけていて、テレビしか友達がいない状況で、原発事故から一〇年が経った夫婦間の会話で妻が口にするのは、私より早く死にたい、『自分が一人だけ取り残されるのだけは嫌だ』ということです」

双葉町を離れて九年半。夫婦は気持ちが晴れることのないまま毎日を過ごしていた。

二〇二一年九月、東京電力はAさんの訴えに対し、夫婦二人分だけでA4用紙二〇枚にわたる準備書面を裁判所に提出した。Aさんの妻の避難生活での精神的苦痛については、こう記されている。

原告番号〇〇―二（Bさん）は外出しないときは、上記住居でその大型テレビを見て一日を過ごすなど平穏な生活をしている。……買い物や通院以外のときは自宅でテレビを見るという生活（原告〇〇―一〔Aさん〕によれば「常にうちにいるときはテレビとお友達」とのことである。）を送っていたものであり、……過酷な避難生活を送っていたとは到底いうことができない。

さらに、Bさんが、肉体的精神的な体調不良で働くことができなかったことに対して、次のように述べる。

借上住宅に転居して以降、買い物や通院時間以外は「うちでテレビとお友達」という生活を送っていたという事実が明らかになっている。したがって、同原告が本件事故から相当期間経過後に就労していないのは、本人の選択によるところが大きく、本件事故

によって就労できなくなったとの事実的因果関係を欠くことは明らかであ〔る。〕

東京電力は、再三にわたり「テレビとお友達」という言葉を持ち出し、避難所から借上住宅に引っ越して以降、Bさんが仕事を探すこともなく、一日中テレビを見て平穏に過ごしている、と主張した。そして、こう結論づけた。

原告らが主張する追加の慰謝料支払の事由……はいずれも本事故によるものとして賠償されるべき損害には該当しないほか、仮に何らかの損害が認められるとしても被告東京電力による既払金の支払状況を考慮すれば認容されるべき残額はないことから、原告らの請求はいずれも理由がなく、棄却されるべきである。

つまり、Aさん夫婦の精神的苦痛は原発事故とは関係なく、もし関係があったとしても既に東京電力が払った賠償金で十分だというのである。この東京電力の主張を、Aさん夫婦はどう受け止めているのか。

二〇二一年一二月。Aさんは筆者と会うや否や、筆者がボイスレコーダーを出す暇もなく、話し始めた。

「東京電力は横暴です」

妻のBさんは、避難から一一年になろうとしている埼玉での暮らしぶりについて、こう語った。

「私たちは子どもがおらず、子どもがらみの付き合いもないので、本当に寂しい生活なんです。都会の生活になじむことはできません」

買い物と通院以外、外出しない日々が続いていた。夫がやきもちを焼くほど仲の良かった親友は、横浜の子どものところに身を寄せ、孫の面倒を任されて忙しそうで、電話するのも遠慮してしまうという。

「（双葉町では）親戚や友達と毎日のように和気あいあいとしていたのに、本当に離れた存在になってしまった。普通なら、夫が具合悪いとか、入院したりしたら、すぐ友達が来てくれたり、親戚の人が来てくれたりして、何かと助けになってくれると思うんですけど、今、『誰に連絡したらいいの』っていう不安しかないんですよ。お話しする人がいないとすごーく寂しい。なんか本当に何もない自分が悲しい。自分の価値はなくなったんだろうなって。心も閉じこもっちゃって、なんかこう、ただ生きてるだけ。こんなだったらいつ死んでもいいと思うような、そんな毎日を送っているんです。時間がたてばたつほど、苦しくなりますね」

そんな孤立した生活を送る中で東京電力から突きつけられた書面。

「大きなテレビを横になって自由にみられていいでしょ、そんなことを言われる。本当に心が痛みます。あんな事故を起こしといて、そんな言葉が出てくる東電に対して、本当に、憤りしか出てこないですね」

〝避難〟ではなく〝個人的な移住〟？

個人の暮らしぶりに焦点をあて、避難生活と原発事故との関連性を否定したり、すでに支払った賠償金で十分としたりする東京電力の主張は、河井さんやAさん夫婦にのみ向けられたものではない。埼玉訴訟で、東京電力は、「原告転居状況一覧表」という文書を裁判所に提出し、原告一人ひとりの状況について見解を表明している。

帰還困難区域、居住制限区域、避難解除準備区域などから強制的に避難させられた原告については、「原告は、本件事故前の住居よりも良い居住環境を無償で確保し、長期間居住を継続していること等からすれば、借上住宅への転居をもって避難を終了したといえる」など、借上住宅や家を購入し移り住んだ段階で避難生活は終了しており、それ以降は精神的賠償を支払う義務はなくなった、とする。そこに、長年住み続けたふるさととコミュニティを失った避難者たちの苦しみへの配慮はない。

特に厳しい見解が示されているのは、河井さんのように避難区域外から避難してきた、いわゆる「自主避難者」に対してだ。

「本件事故以外の要因によって勤務先を退職したことにより経済的な問題が生じたことから、より好条件の仕事を求めて転居したにすぎない」

「本件事故当時から、義母の介護に疲れ、夫や義母と不仲であったのであり、このような住環境から逃れるために、放射線からの避難と称して転居したにすぎない」

「実家への転居は、……子供の教育環境等の理由に基づくものであることが窺われる」

「牛の飼育や農業等を行う○○町での生活になじむことができずに、放射線からの避難と称して原告番号○○‐○〔子ども〕とともに自らが育った東京への転居を決断したものである」

避難者に対する冷酷な言葉が並ぶ。東京電力は、避難区域外から避難した原告はいずれも原発事故とは関係ない個人的な理由で移り住んだだけで、避難ではないと主張している。

強烈に原告たちを攻撃した東電側最終準備書面には、一〇人の代理人名が並んでいる。上から二番目に記されているのが、森倫洋弁護士だ。東電側の主たる代理人の一人である。森弁護士が代表を務めるＡＩ‐ＥＩ法律事務所のウェブサイトによれば、森弁護士は、一九九三年に東京大学法学部を卒業後、一九九五年に裁判官に任官し、一〇年間務めている。その間、全国の裁判所から高裁判事や最高裁判事候補のエリート裁判官が集められる最高裁判所事務総局にも勤務している。二〇〇五年に裁判所を退官し、弁護士として西村あさひ法律事務所に所属した。

日本には、五〇〇人以上の弁護士を抱える五大法律事務所と呼ばれる巨大ファーム（法律事務所）がある。西村あさひ法律事務所は、その中でも八〇〇人以上の弁護士を抱える日本最大の法律事務所だ。

二〇一四年、森弁護士は、西村あさひ法律事務所の同僚、岩倉正和弁護士らとともに日本弁護士連合会（日弁連）から懲戒処分を受けている。日弁連によれば、担当していた事件の一審判決に不満をもった森弁護士たちは、複数の法律雑誌に自ら記事掲載を持ちかけ、自分の書いた判決批判の記事をまるで第三者や編集部が書いたかのように掲載させ、それを控訴審に資料として提出したという。言ってみれば、「自作自演」だ。

二〇一九年、森弁護士は、西村あさひ法律事務所の同僚らとともに独立し、ＡＩ‐ＥＩ法律事務所を設立した。

裁判で再び傷つけられる避難者たち

埼玉訴訟の結審を迎えた二〇二一年九月二二日、森倫洋弁護士は、審理を終えるにあたって、原告全体に対して、法廷でこう述べた。

「〔避難者の〕避難所等の滞在は短期で、早い時期に借上住宅や通常の賃貸住宅に居住しており、平穏な生活を回復しているのがわかります。……また、財産的賠償も十二分になされ、むしろ明らかな過払いも認められる上、不正請求と疑われる事実もあるもので、より一層未払いがあると〔は〕考え難いところです。……帰還を断念したり、長期にわたり元の居住地に戻れないことに伴う精神的苦痛の賠償は既になされており、既払いを超える損害を基礎づけるものとは認められないこともあわせて述べております」

原告があたかも違法行為を犯していると言わんばかりの東京電力の言い分に対して、双葉町から避難してきた先述のBさんは、次のように話す。

「人として、どんな気持ちがあればそんな言葉が出てくるんでしょう。人に対してどれほどの迷惑をかけたか、どうして気がついてくれないんだろう。本当にどうしたらこの気持ちを向こうにわかってもらえるんだろうなっていう、そういう気持ちですね」

河井さんも、東電だけでなく、東電側の弁護士に対しても憤りを隠せない。

「もともと東電の主張に対しては、悔しくて憤りもありますけど、向こうの弁護士さんは、いくら仕事だからって、私たちは何を言っても傷つかない人間だと思ってるのかなって。向こうの弁護士さんの倫理観を疑うというか、言葉を代弁するプロとして、本当にそれでいいのって、すごく感じますね」

さいたま地方裁判所の判断

二〇二二年四月二〇日、地裁判決が言い渡された。

国に対しては、原発事故の責任を認めなかった。東京電力に対しては、原告九五人のうち六三人に対し、合計約六五四〇万円の損害賠償を命じた。Aさん夫婦に対しては、すでに精神的損害賠償を支払い済みであるとして新たな賠償を認めなかった。河井さんに対しては、東京電力側が主張するような、埼玉に転居した理由が元夫との不仲であった証拠はないとした上で、「年少の子らを養育中に本件事故に遭い、自分のみならず子らへの放射線の影響を懸念し、単身で子らと避難することになったのであるから、平穏な生活を害され、身体的精神的に苦痛を負ったものと認められる」として東京電力に対し、親子二人合わせて一五〇万円足らずの慰謝料の支払いを命じた。

六月二日、Aさん夫婦、河井さんも含め、六八人の原告が控訴した。

河井さんは、体調が回復した後、看護学校に四年間通い、二〇二一年、正看護師の国家資格を取得し、病院で働き始めた。

河井さんは控訴を決意したことについてこう話した。

「控訴するかどうかもしばらく悩んだんですよね。結局また傷つくから。でも疲れて、あきらめたら、相手の思うとおりになってしまう。私たちをあきらめさせるために時間稼ぎをしてるだけだと考えると、その思うつぼになりたくなかったんですよね」

埼玉訴訟で被災者側の代理人を務める猪股正弁護士は、こう話す。

「避難者の方々は福島で、本当の意味で豊かな生活を過ごしていた。その故郷を原発事故で奪われ、いま、『テレビしか友達がいない』という、言い尽くすことができない悲しみや喪失感が込められた心のうめきのようなAさんの言葉に象徴されるような状況にあるのです。これを逆手にとって、一日テレビを見て過ごす平穏な生活、などと主張するとは、信じがたく、断じて許せません。河井さんに対する主張も、原発事故で人生を翻弄され、苦悩し続けてきた避難者を愚弄し侮辱し、その心情を深く傷つけるもので、怒りを禁じえません。原発事故が人間の営みからどれだけ大切なものを奪ったのかという事実に目を向けようとする姿勢も反省も、まったく感じられない」

〝払い過ぎ〟と〝損害の否定〟

避難者個人の状況を事細かに追及し、損害賠償支払いを拒否する東京電力の姿勢は、埼玉訴訟だけのことではない。東電が避難者を攻撃し始めたのは、いつごろから、どのように始まったのか。

全国各地で原発事故被災者の裁判が提訴された当初、東京電力側が、原告・避難者の事情をあげつらい、追及するようなことはなかった。原告・被災者本人への尋問でも、原告側が一時間、主尋問をすると、被告・東電側は一〇分程度、反対尋問をする程度だった。その内容も、単純な事実確認や、誤解を避けるための再確認といったものだった。

ところが、二〇二〇年頃から、東京電力の態度が変化する。まず、原告本人尋問で、原告側と同じだけの尋問時間を要求するようになった。そして、尋問の中で、原告一人ひとりの避難生活の状態やこれまで支払った賠償額を細かく挙げ、それと原発事故との関連性について追及するようになった。

その背景には、先行する原発事故避難者訴訟での東京電力に対する厳しい判決がある。

原発事故翌年の二〇一二年一二月、全国で初めて原発事故被害者が集団で提訴に踏み切った福島原発避難者訴訟（以下、避難者訴訟）。第一陣（原告二一六人）を皮切りに、第二陣、第三陣と続いて提訴され、本稿執筆の二〇二三年七月現在も裁判が継続している。

この訴訟で原告は東京電力に対して、原発事故の責任を問うとともに、二つの理由での慰謝料を請求している。一つは、「避難慰謝料」。避難生活という異常で困難な状態によってこうむった精神的苦痛に対する慰謝料だ。もう一つは「故郷《ふるさと》喪失」に対する慰謝料。人と自然がつながり、人と人がかかわり、それらが永続的に続いていく場所――故郷を剝奪されたことは、生活、人生が丸ごと奪われたというべき被害だと主張している。

二〇一八年三月、福島地方裁判所いわき支部は、避難者訴訟第一陣に対する判決で、東京電力は大規模な津波を予測し対策をとることが可能であったとし、東京電力に対し、国の損害賠償の指針である中間指針を上回る精神的賠償を支払うことを命じた。これに対し、被災者側も東京電力も控訴した。

被災者側の弁護団幹事長を務める米倉勉弁護士は、この控訴審の過程で、東京電力の主張に変化が現れたと話す。

「仙台高裁の第一陣の裁判で、最終準備書面が出てくる少し前に、東京電力が『弁済の抗弁』の書面を出してきました。まだ練られていない萌芽的な段階のものでしたが」

「弁済」とは、「借金を返したり、賠償金を払ったりして債務をなくすこと」、「抗弁」とは、「相手方の主張を退けるために、別の事柄を持ち出すこと」だ。東京電力が主張する「弁済の抗弁」とは簡単に言うと、「これまで東京電力は〝どんぶり勘定〟で、住宅購入資金とか、地元に帰郷する際の交通費実費とか、就労不能損害を払ってきました。今、点検してみれば、支払う必要があるのか疑問視するようなものもあります。そのくらい賠償はたくさん払っていて、払いすぎぐらいです。だからこれ以上お支払いするものなんてありません」、ということだ（原告側の笹山尚人弁護士）。

そして二〇一九年秋以降、東京電力は全国各地の訴訟でこの「弁済の抗弁」（様々な名目ですでに払いすぎとなっているほど賠償している）の主張をするようになったという。

東京電力の主張に、さらにもう一つの変化が現れたのが、二〇二〇年三月の控訴審判決後だという。仙台高等裁判所の小林久起裁判長は、一審では個別には認められなかった「故郷喪失」の損害を避難の精神的損害とは別のものとして認め、地裁判決を上回る賠償を東京電力に命じた。これに対し東京電力は、最高裁への上告準備申立で、「故郷喪失」についてこう主張した。

「『故郷』は主体も客体も不明確で、法的保護に値しない」「地域など、開発や住民の流動で変化する、主観的な存在にすぎない」

米倉弁護士は、これを「損害の否定」と位置付ける。

「もともと故郷なんてものは曖昧なもので、『故郷喪失』は住民のノスタルジーにすぎないんだ、というわけです」

東京電力の上告受理申立理由書には、元最高裁判事・千葉勝美氏の意見書が添付され、そこでも「弁済の抗弁」について語られている。これについては後述する。

こうして二〇二〇年の仙台高裁判決以降、東京電力は、「弁済の抗弁」と「損害の否定」を主張し、埼玉のAさん夫婦や河井さんの場合と同様に、証言に立った原告一人ひとりに対し、「受け取った賠償は適切なものではなかったのではないか」「原発事故で避難したのではなく、別の理由で移住しただけではないか」といった執拗な追及を全国の訴訟で行なうに至ったのである。

「これは一種の訴訟妨害なんです」

米倉弁護士は、東京電力の狙いを指摘した。東電の「弁済の抗弁」（払いすぎ）の主張が認められると、これを否定するためには、これまで東電から支払われたすべての損害賠償が正当なものであったということを原告・被災者自身が証明しなければならなくなる。

賠償の項目は、「一時立入、検査受診等にともなう移動費用の賠償」、「生命・身体損害（避難生活で健康状態が悪化し病気になった時などの医療費や通院の交通費）」、「就労不能損害に係る賠償」、「移住を余儀なくされたことによる精神的損害」、「避難生活等による精神的損害（要介護者等への増額）」、「家賃に係る費用相当額の賠償」、「宅地・建物・借地権」、「住居確保費用」、

「家財」、「田畑」、「宅地・田畑以外の土地」、「立木」、「墓石（修理・移転）」、「自動車」、「償却資産・棚卸資産」、「早期帰還」などと多岐にわたっている。これは、原発事故による避難によって人々の生活がどれほど奪われるか、どれほどの損害が出るかという証明でもある。

被災者一人ひとりへの具体的な損害賠償は、その時々、明らかになったり新たに発生したりした損害に対して続けられてきた。被災者はそのたびに東京電力のコールセンターに何度となく電話して説明を聞き、賠償手続をしてきた。多くの被災者は「もう東電のコールセンターに電話したくない」「何度も電話して、そのたびに一から状況を説明するのはもうこりごり」「コールセンターに電話すると考えただけで気分が悪くなる」と話す。被災者はそれほど東電と相談を重ねた上で賠償を請求してきた。被災者が弁護士を通さずに直接請求する場合、証拠書類の原本をそのまま東京電力に提出してしまい、手もとにコピーすら残っていない場合も多い。こうして一二年間かけて支払われてきた一つひとつの損害賠償に対して、被災者自身が証拠を示し、正当なものだったと立証することは不可能といえよう。原告の被災者からは、「東京電力に言われるがままに請求して支払われてきた損害賠償を、今さら払いすぎだと言われても……」という声が聞こえてくる。

原発事故の集団訴訟に参加する原告は、全国に約一万二〇〇〇人いる。もし、法廷の場で一人ひとりについて立証していたら、何十年あっても足りない。

全国の原発事故避難者裁判の被災者側弁護士で作る原発事故全国弁護団連絡会は、二〇二一年一〇月、東電の裁判のやり方に抗議する声明を出した。

〔東電側が求める〕膨大な主張立証は、現実的に不可能に近く、ただでさえ長期化している訴訟がさらに引き延ばされて長期化し、迅速な被害者救済が困難になります。……東電は、……「弁済の抗弁」の名の下に、原発事故による深刻な被害に苦しむ原告らに追い打ちをかけるような誹謗中傷を、公然と法廷で行っているのです。このような東電の応訴態度は断じて許されません。……被害者の尊厳を著しく傷つけ、司法による権利救済を大幅に遅滞させる東電による『弁済の抗弁』は、加害者の態度としてはあるまじきものであり、絶対に許されません。

埼玉訴訟被災者側代理人の猪股弁護士（先述）は訴える。

「早稲田大学の辻内琢也教授は、避難者実態調査や諸外国の事例の分析などから、事故の責任の所在が曖昧で不明確な状態が被災者の精神的苦痛を高め、持続させると証言しています。国や東京電力の姿勢が、今も避難者を苦しめ続けているのです」

東京電力が敵対的な姿勢を示し、損害賠償の支払いを拒否するのは、裁判に立ち上がった被害者に対してだけではない。国の機関による和解の提案に対しても、東京電力はかたくなに拒否する態度をとるようになっている。

ＡＤＲでの和解拒否

『尊重する』と誓いながら、和解案の受諾を、一名を除き四年以上に亘り拒否し続けた不誠実なその姿勢は、言語道断であり、許されるものではない。よって、東京電力には、原発事故の原因者、加害者としての意識がひとかけらもない」

二〇一八年四月、がんで病床についていた浪江町の馬場有《たもつ》町長（当時）は、点滴を引きずりながら面会場所に現れ、小さなメモ用紙四、五枚につづったコメントを賠償支援係長の鈴木清水さんに手渡した。東京電力との和解仲介手続きが打ち切りになったことに対するコメントだった。

通常、町長のコメントは鈴木さんら事務方が準備し、それに町長が朱を入れ、発表する。しかし、このコメントは、馬場町長が病床で自ら書いたものだった。受け取った時、馬場町長の顔に悔しさが滲んでいたことを鈴木さんは記憶している。

そのおよそ二カ月後、馬場町長は亡くなった。

浪江町の集団申立て

原発事故から一年たった二〇一二年四月ごろ、鈴木さんら浪江町賠償支援係の職員三人は、全国に散らばって避難した住民からの電話の対応に一日中追われていた。故郷を追われた悔しさ、避難生活がどれだけ大変か、家族や近所の人々とばらばらになってしまった悲しみ……。一人と話す時間が二時間を超えることもまれではなかった。住民たちが共通して口にしたのは、「東京電力からの損害賠償に納得がいかない、町はそれでいいのか」ということだった。

山の幸、海の幸に恵まれた浪江町。原発事故まで、住民たちはあまり現金に頼らないでも生活できていたという。浪江町津島で生まれ育ち、自動車修理工場を営んでいた今野斉《ひとし》さん（六七）は、避難前の暮らしについてこう話す。

「水は山から引き、コメと野菜は自分で作り、川ではイワナがいくらでも釣れた。隣の家の晩ご飯がわかるほど近所とのつながりが強く、困った時には助けあっていた」

浪江町は原発事故により、全住民が強制的に避難させられた。避難前の世帯数は約七〇〇〇だったが、避難後は一万一〇〇〇に増えた。それだけ家族がばらばらにさせられたということだ。

住民は、住み慣れた環境から離され、コミュニティを破壊されたうえ、賠償金に頼る暮らしを強いられた。当時、強制避難させられた被災者に東京電力が支払った精神的賠償はひと月一人あたり一〇万円。生活費増加分も含めていた。白物家電は日本赤十字社から支給されたが、それ以外の家財道具は自分で用意しなければならなかった。特に家族やコミュニティから引き離され、まったく知らない場所で一人暮らしを強いられた高齢者にとって、一〇万円は暮らすだけでぎりぎりの額である。「では、こんな苦しい生活を強いられていることに対する慰謝料はいくらなんだ」。そんな不満が募っていった。だが、近くに相談相手もなく、個人で東京電力と交渉することは困難だった。

文部科学省の機関である原子力損害賠償紛争解決センター（ADRセンター）が出した精神的賠償の増額の事由には、「要介護状態にあること」「家族の別離　二重生活等が生じたこと」などが挙げられている。鈴木さんらが調べたところ、住民のほとんどが増額の対象となる状況だった。町民を取りこぼしなく救済することはできないか……。馬場町長を筆頭に一年間検討を重ねた結果、二〇一三年五月二九日、浪江町は、住民の半数を超える一万一六〇二人を代理する形で、ADRセンターに対し、東京電力との間で和解の仲介をするよう集団申立てをした。集団申立てには、最終的に住民の七三％にあたる約一万五七〇〇人が参加した。

全町民を救済する——ADR和解案

ADRセンターは、原発事故被害者からの東京電力への損害賠償請求を、円滑、迅速、公正に解決することを目的に設立された国の機関だ。弁護士や裁判官などの専門家が仲介委員となり、被害者と東京電力の間に入り、裁判よりも簡単な手続きで短期間に和解を図る。手続きは無料だ。

浪江町は、申立書で、すべての町民の受けた損害として、コミュニティが奪われたことを挙げた。

人間は、自分の慣れ親しんでいる豊かな自然環境、そしてその場所にあって馴染んできた社会環境があって、初めて希望を持って人間らしく生きていくことができる……原発事故に伴う避難によって、この町のコミュニティ自体が崩壊し、見守られるべき町民は安心のよりどころを失ってしまった。このように目に見えない充実感、安心感の喪失自体、取り返しのつかない、きわめて大きな損害である。

そして東京電力に対し、次のことを求めた。

① 東京電力が住民の生活のみならず、浪江町全体を崩壊させたことに対する法的な責任を認め真摯に謝罪すること。
② 浪江町全域を原発事故前の放射線レベルになるまで除染すること。
③ 一人当たりひと月一〇万円の精神的慰謝料を全住民一律に二五万円増額すること。

浪江町がこだわったのは、全住民に対し一律に精神的慰謝料を増額させることだった。

「事故によってかつての故郷を奪われコミュニティを分断されたという精神的苦痛は、全町民が等しく被っている損害である。すなわちこの精神的損害は共通する損害として、全町民に対して包括的、一律的に損害を評価することが可能である」

仲介委員、浪江町側弁護士、東京電力側弁護士の三者が顔を合わせての進行協議が、二〇一三年七月から九カ月間、ほぼ毎月、行なわれた。ADRで重視されるのは、被災者の損害の実態を明らかにすることで、裁判のように、原告、被告が細かい証拠をめぐって応酬を繰り広げることはあまりない。

二〇一四年一月には、仲介委員が仮設住宅を訪ね住民の話を聞くとともに、立入禁止となっていた浪江町内を回る現地調査が行なわれた。二月には口頭審理が行なわれ、町民が被害の実状を訴えた。

二〇一四年三月二〇日、仲介委員から「和解案提示理由書」、いわゆる和解案が示された。

中立人らは、今後の生活再建や人生設計の見通しを立てることが困難であり、自らの将来について不安を増幅させざるを得ない状態に置かれているものと認められる。例えば、進学・転学や就職、転職、結婚・出産、他地域への転居といった人生設計上の重要な選択においても、「今の（避難）生活がいつまで続くのか」、「帰還は（いつ）できるのか」を予測しがたい現状では、決断を下すことが困難であり、その結果として、将来に対する希望や生きがいを見出せなかったり、生活設計が立てられず、不安定な現状の継続を強いられたりして、不安感や焦燥感、無力感を募らせている。……当該地域社会においては、近隣住民との交流、日用品、食料品等の融通、相互扶助などの習慣が存在しており、申立人らは地域社会から様々な利益を享受していた。……特に高齢者にあっては地域社会への依存の程度が高く、地域社会から切り離されることによって増加する負担も、相対的に高いといえる。

そして、申立てを行なったすべての住民に対し、精神的慰謝料をひと月当たり一律五万円増額すること、七五歳以上の高齢者にはさらに三万円増額することを提示した。

浪江町側の濱野泰嘉《やすよし》弁護士は和解案をこう評価する。

「仲介委員が、浪江町や町民の被害状況をふまえて慰謝料の増額を認めたこと、町民全員に対して一律増額を認めたこと、申立て後一〇カ月以内の早期に出されたこと、大きくはこの三点だと思います。これだけ多くの被害者を出した原発事故で、簡易迅速な手続きにより集団的に紛争解決していこうという原発ＡＤＲの意義が一番凝縮された和解案だったと思います」

浪江町は、福島県内外に散らばる町民を対象に、福島市、二本松市、南相馬市、いわき市、郡山市、東京で説明会を開催した。その時の町民の反応を鈴木さんはこう話す。

「『納得いかない、私たちが受けた被害はこんなもんじゃない』という方もいらっしゃいました。しかし、町長が先頭に立って、町民の皆さんが一丸となって申し立てたことに対して、被災者に寄り添った和解案が出たこと、もしそれ以上の個別の損害があれば別途ＡＤＲセンターに申立ても出来ることを説明すると、皆さん、納得されていました」

ＡＤＲに参加した町民の九九％を超える賛同を得た浪江町は、五月二六日、和解案受諾を表明した。

仲介委員の仮設住宅及び浪江町全域の現地調査を実施しました。さらに、福島と東京で口頭審理を行ない、申立人らから仲介委員に対し、浪江町民の被害状況を直接訴えました。そして、仲介委員は、浪江町と町民の被害状況をふまえて、本和解案を提示しました。つまり、本和解案は、浪江町と町民の被害状況を十分に調査し、把握した上でのものであり、……極めて重い判断であるといえます。浪江町は、当初から一貫して「全員一律増額」を主張してきたところ、本和解案は、この「全員一律増額」の主張を正面から認めるものであり、この点だけでも、とても価値があるといえます。〔東京電力は〕「三つの誓い」の一つとして「和解仲介案の尊重」を掲げ、「原子力損害賠償紛争解決センター」から提示された和解仲介案を尊重するとともに、手続きの迅速化などに引き続き取り組む」としています。……東電は、本和解案を受諾する責任があるといえます。

東京電力は、和解案が出されるおよそ三カ月前に、損害賠償の迅速かつ適切な実施のための方策として「三つの誓い」を発表していた。その内容は、一、最後の一人まで賠償貫徹、二、迅速かつきめ細やかな賠償の徹底、三、和解仲介案の尊重、だ。

和解仲介案の尊重については、「紛争審査会の指針の考え方を踏まえ、紛争審査会の下で和解仲介手続きを実施する機関である原子力損害賠償紛争解決センター〔ＡＤＲセンター〕から提示された和解仲介案を尊重するとともに、手続きの迅速化に引き続き取り組む」と説明している。実際、それまで東京電力が、ＡＤＲセンターの和解案を拒否する例はほとんどなかった。町長や職員の間にもこれで和解できるという雰囲気が広がっていたという。

「すごくほっとしたんですね。これで町民の皆さんを救済できると思って大喜びでしたね」と鈴木さんは振り返る。

心の痛みの値段は――東電の拒絶

浪江町が和解案受諾の意思を表明してから一カ月後の六月二五日、東京電力が和解案への態度を明らかにした。

本和解案のうち、下記の範囲について受諾し、その余は受諾いたしかねます。……

1　精神的損害増額の対象者　申立人のうち傷病を有していた高齢者（七五歳以上）

2　対象期間　本件事故発生時から平成二四〔二〇一二〕年三月末日まで（一三カ月間）

3　増額する賠償金額　一人月額二万円

病気やけがのある七五歳以上の高齢者に限って事故から一三カ月間のみ月二万円増額するという、一律の賠償を提示したＡＤＲセンターの和解案とはかけ離れた内容だった。その理由を東京電力は、こう主張した。

「（中間指針は）個別事情に基づき、精神的賠償を増額する場合があるとしています。しかしながら、本和解案は、申立人ごとの個別事情を考慮することなく、浪江町民であることのみをもって一律の精神的賠償の増額を認めております。したがって、本和解案は、避難指示に基づき避難した被害者に共通して発生する精神的賠償を、一定の金額に評価した中間指針等と乖離するものと言わざるを得ません」

「中間指針」とは文部科学省の機関である原子力損害賠償紛争審査会（原賠審）が原発事故被害に対する賠償の指標を定めた「東京電力株式会社福島第一、第二原子力発電所事故による原子力損害の範囲の判定等に関する中間指針」のことだ。東京電力は、一人ひとり個別の損害を明確にしないで一律に損害賠償を増額することは、国の賠償指針から外れると主張した。さらに、次のように述べた。

「同種訴訟が継続している場合に、当該訴訟手続き外で被申立人がとった行為、特に本件のように大型の集団申立事案における和解案を受諾する行為は、当該訴訟手続きに影響を与えるおそれを否定できません」

つまり、ＡＤＲで集団的な和解をしてしまうと、東京電力が他に行なっている裁判に影響を与えるから受け入れられないということだ。

翌日、馬場町長はこうコメントした。

「東京電力の回答は実質的にすべてを拒否するものであり、加害者である東京電力が被害者の痛みを全く理解しないものと言うしかない。……『三つの誓い』を自ら破るものであり、信義に強く反し、著しく不誠実である」

そして町はADRセンターに対し、上申書を提出した。

「(和解案は)浪江町民の個別事情を考慮した上で、その共通する事情をもとに示されたものです。それゆえ、個別事情を考慮していないという主張も、中間指針等と乖離するという主張も、まったくの的外れといえます」

そのうえで町は、ADRセンターに対して、「貴センターの存在意義を失わせることになりかねません」として、東京電力に受諾を求めるよう強く要請した。

八月四日、和解基準などを決めるADRセンター総括委員会は所見を出した。「仲介委員が提示する和解案に、……中間指針等から乖離したものあるいは客観的事実からすると原発事故との相当因果関係が明らかに認めがたいものは存しない」としたうえで、所見は東電側に対して次のように述べる。

自ら誓約した和解案の尊重を放棄するものというだけでなく、仲介委員が提示した和解案の内容のみならず和解仲介手続き自体をも軽視し、ひいては、原子力損害の賠償に関する紛争につき円滑、迅速かつ公正に解決することを目的として設置された当センターの役割を阻害し、原子力損害の賠償に関する法律が定める損害賠償システム自体に対する信頼を損なうものといわざるを得ず、まことに遺憾であり、強く再考を求めるものである。

さらに八月二五日、仲介委員は、東京電力に対し和解案の内容について詳細に説明する補充書を提示した。

（被害者）各人につき、それぞれ、個別事情として、「避難生活が長期化している」という事実のみならず「帰還の目途も立っていない状況」で避難が長期化することによって中立人ら各人が「今後の生活再建や人生設計の見通しを立てることが困難」となり、「将来への不安」が「増幅」している事実を確認した上で、これらの中立人らにつき共通して認定された個別事情を考慮し、本和解案を提案したものであり、浪江町民であることのみをもって精神的損害の増額を認めたものではない。

その上で、仲介委員が避難者一人ひとりから聞き取った個別の状況を明らかにした。

・A（七九歳女性）「浪江の自宅で一緒に住んでいれば、お互い助け合いながら生活できたはず」「寂しい、悲しいことばかりですが、考えるとやっていられないので、普段は考えないようにしています。ですが、自分の老後や家族のことが心配になり、やはり安心して暮らせる普通の生活に戻りたいとの思いは消えません」

・C（六六歳男性）「みんな、本当は自宅に帰りたいと言います。自宅に帰って、それぞれの家を行き来して、野菜を分け合ったり、いろいろな話をしたりしたいのです」

・E（八三歳女性）「毎日、ただただ弱って死んでいくだけだと思うと本当に辛いです」

・G（三八歳女性）「娘たちは、将来、結婚して、妊娠して、出産して、母親になります。このままでは、娘たちが安心して大人になり、一母親になることができません。娘の結婚相手に、被曝したことについて何か言われたらどうしよう、といった不安が頭をよぎります。子の健康を守るのは、親の義務です。今の状態では、娘たちを安心させてあげられることができません」

そして、こう述べた。

それ以外の申立人らにおいても多少の差異はあれ、陳述を聴取した申立人らとさほど変わらない避難生活を強いられており、これによって「今後の生活設計の見通しを立てることが困難」となり「将来への不安」が「増幅」していると容易に推認され、この推認を覆すに足りる事情は窺われない。……本件は、申立人一万五〇〇〇人にも及ぶ規模の大きいものではあるが、原子力事故が発生すれば、このように多数の被災者と原子力事業者である被申立人との間で紛争が発生することは当然予想されていたことであり、こうした大規模紛争を迅速に解決することは当センターに課せられた責務である。……速やかに本和解案を受諾するよう強く求める次第である。

東京電力の主張に真っ向から反論する内容だ。

これに対して、九月一七日、東京電力は、ＡＤＲセンターに再び回答書を提出した。

　中立人様らが本当に様々な苦しみや悲しみ、不安等を抱えていらっしゃることにつきましては、これらを深く理解するとともに、大変申し訳なく思っております。しかしながら、「帰還の目途も立っていない状況」で避難が長期化したという事情については、他の帰還困難区域等の避難指示により現在まで避難をされている方々にも同様にあてはまるものであり、中立人様ら固有の個別的・具体的事情であると認めることは困難であると思料されます。

いつ帰れるかわからない長期の避難生活が続いている事実を認めながらも、他の地域の避難者も同じ困難を抱えているから、浪江の人々の個別・具体的な事情ではないという。さらにこう続く。

「中立人様らの個別的、具体的な御事情を考慮することなく本和解に応ずることとした場合には、中間指針等によらず、長期避難者の方々に対する賠償の在り方の枠組みそのものを変更することになり、中間指針等に基づき賠償を受けた方々との公平性を著しく欠くことになります」

住民の声が届かない

東京電力が和解を拒否した意図を浪江町側の濱野泰嘉弁護士は、こう指摘する。

「東電としては、被害者の多くは裁判まではしないはず、拒否していればいつかあきらめる、それなら裁判やADRをしていない多くの寝た子を起こすことはない、と考えたのではないか。つまり、他の自治体の避難者への波及を一番心配したのではないか」

その後も町は再三にわたって仲介委員に東京電力に和解に応じさせるよう要請した。しかし東電は和解に応じなかった。和解仲介が長引く中、申立てからおよそ二年で三六五人の住民が亡くなった。

申立てから三年がたとうとしていた二〇一六年二月二日、馬場町長をはじめ一〇〇人余りの浪江町民が東京にやってきて、国会で院内集会を開き、経産省、文科省、国会議員に対し、東京電力に和解に応じるよう働きかけてほしいと訴えた。東京電力との直接交渉も行なわれた。町は要請書とともに寄せられた町民の声を提出した。

「私達の五年間のツラサ〔を〕東電は知るべきだ。ADRセンターにより進んできた訳ですから、今後、強力に進めていただきたい」

「主人は帰りたい。死にたい 毎日、酒とともに暮らしています。早く浪江で生活させたい。帰って良いのでしょうか? 子どもの故郷はなくなり、お金で割り切れない気持ちです」

「浪江にいて平和に暮らしていたので今まで争い事とは無縁でした。被害者なのに東電には尊重されていないと思います」

朝六時に当時二本松市にあった浪江町役場の仮庁舎を大型バスで出発し、その日の夜中に戻ってくるという強行軍。参加した町民の多くは高齢者だった。当時、賠償支援係長になっていた鈴木さんは、涙ぐみながら当時を振り返る。

「みんな必死になって各省庁にも国会議員の方々にも訴えました。それでも全然刺さらなかったんですよね。町民の方が本当に必死になって発言しても、東電はのらりくらり同じことしか言いませんでした」

浪江町民による要請行動の三日後、東京電力はADRセンターに対しこう回答した。

「誠に遺憾ながら、……すでに回答させていただいております通り、……本和解案のすべてを受諾することは困難であると考えております」

これに対し馬場町長は、次のように述べた。

「いまさらコメントはありません」

一人のみの和解、ADR打ち切り

ADRセンターは、全員一律の和解案を翻し、仲介委員が個別事情を聴きとりした住民の中から特に厳しい状況に置かれた一二人のみに精神的慰謝料を増額する新たな和解案を提示した。町は仲介委員から、まずは個別事情がはっきりしている住民から合意し、それから枠を広げていけないかと説得され、それを飲んだ。だが、ここまで譲歩された案についても、東京電力は一二人のうち一人のみ和解に応じ、一一人に対しては和解を拒否した。東京電力が最初に回答した「精神的損害賠償増額の対象者　申立人のうち傷病を有していた高齢者」という内容からいっても、さらに後退した回答だった。


二〇一八年四月五日、ADRセンターは和解の仲介打ち切りを通告した。

「仲介委員より和解案を提案しましたが、……被申立人〔東京電力〕より当該和解案について受諾できない旨の連絡があったことなどから、これ以上和解仲介手続きを継続することは困難であると判断しましたので……和解仲介手続きを打ち切ります」

濱野弁護士は、こう述べる。

「仲介委員は和解案を提示し、その後も東電を説得するため和解勧告などいろいろと動いていた。仲介委員も和解成立に向けて必死だったと思う。まさに、原発ＡＤＲの存在意義をかけていた。しかし、時間が経てば経つほど、東電の態度は悪くなり、時間ばかりが過ぎていった。和解案提示から打ち切りまで、四年がかかった。簡易迅速も、紛争解決も、実現しなかった。東電の和解案拒否が原発ＡＤＲの存在意義を否定し、形骸化させてしまった」

和解打ち切りの通知を受け取った時のことを鈴木さんは言葉を詰まらせながらこう話した。

「この打ち切りの紙が届いたときには……、これでたくさんの町民の方の救済が阻まれたと……本当に救済されるべき人が……、助けられなかったと思いましたね」

ＡＤＲ打ち切り半年後の二〇一八年一一月二七日、浪江町民四九世帯一〇九名が「浪江原発訴訟」を福島地方裁判所に提訴した。東京電力だけではなく国にも原発事故の責任を問うとともに、東京電力に対しては、ＡＤＲを正当な理由なく拒否したことに対する損害賠償の支払いも求めている。原告団は、二次提訴・三次提訴と広がっている。

東京電力の「和解拒否」が与えた影響

浪江町の北に接する飯舘村。原発事故直後、放射性物質のプルームが上空を通過し、高い放射能汚染にさらされながら、その事実は住民には知らされなかった。

村全域が計画的避難区域に指定されたのは、原発事故からひと月以上たった二〇一一年四月二二日。全村避難が完了したのは七月下旬だった。飯舘村の住民の多くは、四カ月以上にわたり、高濃度の放射能汚染の中で暮らさざるを得なかった。住民たちが京都大学原子炉研究所今中哲二助教（当時）の協力を得て調べたところ、避難するまでの初期外部被曝推定量は、住民一人当たり平均七マイクロシーベルトだった。

浪江町の集団ADR申立てからおよそ一年半後の二〇一四年一一月、飯舘村の住民の半数にあたる二八三七人が、ADRセンターに集団申立てをした。住民たちは、被曝によって健康不安を与えたことへの慰謝料三〇〇万円のほか、生活破壊慰謝料、住居確保などの損害賠償を求めた。

申立てから三年たった二〇一七年一二月、ADRセンターは「被曝健康不安慰謝料」について和解案を提示した。

「概ね一〇マイクロシーベルト（具体的には九マイクロシーベルト以上）とされた申立人には一五万円を、長泥地区（特に汚染がひどかった地域）に居住していた二〇マイクロシーベルト超とされた二名の申立人には、五〇万円をそれぞれ東電が支払う」という内容だった。九マイクロシーベルトを超える被曝が推定されるのは、申立てをした住民のおよそ半分だった。

和解案提示に先立って行なわれた進行協議で、住民側の弁護団は、九マイクロシーベルトで線引きをしようとする仲介委員に対し、「損害賠償の対象となる人とならない人に分断・対立が起きかねない」と抗議した。

それに対し仲介委員はこう発言したという。

「東電が受諾する可能性が高い和解案を出すというのが仕事」「ここは何が正しいか判断するところではない」

別の仲介委員は、「住居確保、農地単価増額請求、生活破壊慰謝料については、本パネル〔和解仲介の場〕では和解案を出さないことを決定した」「あくまでパネルは、東電も受諾する可能性が高い和解案を出すというのが仕事」との旨の発言をした。

住民側の佐々木学弁護士は、こう指摘する。

「浪江町の集団ＡＤＲなどで東京電力が和解拒否をしたことによって、一部の仲介委員が東京電力に萎縮し、あるいは迎合するかのような対応をするようになってきました。また、中立人と東電側の主張に隔たりがあるものには『東電が受諾する可能性が低い』として和解案を出さない対応もするようになってきました。このような対応は、賠償額をできるだけ少なくしたいという東電の思うつぼであるだけではなく、紛争を適正かつ迅速な解決を図るというＡＤＲセンターの役割を自ら放棄するに等しいことです」

個別の和解仲介にも広がる東京電力の和解拒否

「浪江の集団ＡＤＲ打ち切りあたりから、個別案件でも拒絶する例が出てきたな、という印象はあります」

こう話すのは、いわき市を基盤に多数のＡＤＲ案件にかかわってきた渡辺淑彦弁護士だ。し

表1　既済件数のうち被申立人(東京電力)が和解案を拒否した割合

2014年	2015年	2016年	2017年	2018年	2019年	2020年	2021年
0.8%	0.2%	0.2%	0.2%	2.7%	1.2%	0.2%	0.0%

表2　既済件数のうち「取下げ」の割合

2014年	2015年	2016年	2017年	2018年	2019年	2020年	2021年
6.3%	8.5%	13.1%	16.7%	18.3%	15.9%	15.4%	11.5%

表1、表2「原子力賠償紛争解決センター活動状況報告書～令和3年における状況について～」をもとに作成

かし、ＡＤＲセンターの発表によれば、何らかの結果が出た和解仲介のうち、「被申立人（東京電力）が和解案を拒否した」という理由で打ち切りになった割合は、二〇一八年、一九年を除いて一％に満たず（**表1**）、東京電力の和解拒否が増えているようには見えない。

なぜか。渡辺弁護士は、和解取り下げの割合に注目すべきだという。その割合は、二〇一六年に一割を超えて以来、高止まりの状態だ（**表2**）。渡辺弁護士は自らの経験から東京電力の和解交渉のやり方をこう話す。

「東京電力は、ＡＤＲセンターでの事前協議の場では徹底的に和解案拒否の姿勢をとりながら、個別に『和解案で出された金額を支払うけれども、ＡＤＲセンター外でやらせてほしい』と言ってくることがあります。和解拒否ということを表に出したくないんですよ。和解案を尊重することを前提に国からお金をもらっていますから」

東京電力は、国が設置した原子力損害賠償・廃炉等支援賠償機構を通して国から資金の提供を受け、賠償金を支払っている。

その前提になるのが二〇一四年に国によって認められた「新・総合特別事業計画」の実行だ。東京電力はここで先述した「三つの誓い」を出し、「原子力損害の被害に遭われた方々の最後のお一人まで賠償を貫徹すること」とADRセンターの「和解仲介案を尊重するとともに、手続きの迅速化に引き続き取り組む」ことを宣言した。もし東京電力が多くの和解を拒否すれば、「新・総合特別事業計画」を履行していないことになってしまう。

その一方で、もし和解案を受け入れてしまうと、その中身はADRセンターの和解事例集として公表され、同様の被害を被っている被災者がそれを参考にして新たな損害賠償を求めてくる可能性がある。

渡辺弁護士は、「波及効果が大きいような場合については、東京電力はADRの中では合意したくないようです」と話す。

さらにADR外の和解交渉の中で、東京電力は守秘義務条項や清算条項を付けてほしいと要求してくるケースがあるという。清算条項とは、そこで和解したらそれ以降、損害賠償請求をしないと約束することだ。ADRセンターに損害賠償の和解を申し立てる被災者の中には、生活に困ったり、事業に行き詰まったりしている人も少なくない。多くの場合、東電のいうとおり、ADRセンターの和解仲介を取り下げ、その外で和解することになるという。

東京電力による和解拒否の姿勢、さらに一部の仲介委員が東京電力の合意しやすい和解案を出してくることなどにより、ADRセンターは、被災者の「円滑・公正・迅速な救済」という機能が果たせなくなりつつある。渡辺弁護士は、「和解仲介の限界みたいなものを感じます」と言う。

「安全神話」のもと限界と制約を埋め込まれたシステム

なぜＡＤＲセンターの権限は、強制力を持たない「和解仲介」にとどまらざるを得ないのか。その理由は、一九六一年に成立した、ＡＤＲセンター設立の根拠となる「原子力損害の賠償に関する法律」（原賠法）の成立過程にまでさかのぼる。

原賠法を制定するにあたって、政府が設けた原子力災害補償専門部会は、一九五九年、当時の中曽根康弘原子力委員会委員長に答申を出した。

そこには、原子力災害が起きた場合、損害賠償をどのような仕組みで行なうかについて、こう記されている。

> 四　原子力損害が生じた場合には、行政委員会を設けてその調査損害賠償の支払計画、支払方法の樹立およびその実施ならびに損害賠償に関する紛争の処理を行なうこととする。そしてこの委員会の行なった裁決に対する不服については、高等裁判所に対する不服の訴のみを認める等特別の措置を講ずるべきである。

行政委員会になれば、公正取引委員会や中央労働委員会のように準司法的な権限をもち、強制力を伴うことになる。この答申には、さらにこう記されている。

「この答申については、大蔵省主計局長石原周夫委員が三および四の項について、……それぞれ態度を保留したことを付記する」

「四」とは行政委員会を設けることを記した項目だ。これについて、専門部会の委員だった大蔵省主計局長が態度を保留したという。大蔵省（現在の財務省）主計局は国の予算を編成する部局だ。日本の官僚機構の中でも最も力を持つと言われている。

結果、原賠法は以下のような形で成立した。

「文部科学省に、……政令の定めるところにより、原子力損害賠償紛争審査会（以下この章において「審査会」という。）を置くことができる」、そして、その役割を「原子力損害の賠償に関する紛争について和解の仲介を行うこと」とした。

民法の神様と言われ、原子力災害補償専門部会長を務めた我妻栄氏は、このいきさつについて、こう述べている（『ジュリスト』一九六一年一〇月一五日号）。


法律では「原子力損害賠償紛争審査会」という審査機関に格を下げ、紛争について和解の仲介を行なう権限しか与えていない……これはおそらく行政委員会というものに対する現在の政府の考え方が非常に消極的で、できるだけ行政委員会なんというものは作るまいという根本方針の一つのあらわれだろうと思います。

同じ雑誌で、当時、通産省原子力局政策課長だった井上亮氏は、政府から独立した行政機関の設置に政府内から強い反対があったことを認めつつ、別の理由を述べている。

もう一つの理由はやはり原子力災害の起こる可能性の議論なんです。これはもうめったに起こらないだろう。……そういう事故はあり得ないのじゃないかというような考え方が支配的で、行政機関というのは措置としてもあるいは機構からいってもちょっといきすぎるのじゃないか。……〔原子力損害賠償紛争審査会は〕権威のある仲介機関にもなるわけですから、相当、的確迅速に問題が処理できるのじゃないかということで、これは政府の諮問機関でいいんじゃないかという考え方になっているわけです。

部会長の我妻氏は、最後にこう述べている。

「この審査会は原子力委員会が常時行なう調査を基礎として、災害が生じた場合にも損害の調査や評価をし、具体的な分配計画を立て、これに基づいて和解の仲介を行なうであろうから、その行動には事実上の権威があり、被害者も納得するだろうと期待されている。この期待が果たして実現するかどうか、なお未知数という他はなかろう」

それからちょうど五〇年後、「あり得ない」はずの事故は起きた。国は、原子力災害賠償審査会を設置し、実際に和解仲裁作業を行なうADRセンターを開設した。しかし、我妻氏が期待した仲介機関の「権威」は、事故を引き起こした当事者である東京電力の和解拒否により、揺らいでいる。

賠償責任とビジネスの狭間

賠償の表と裏

「『申し訳ございません。お気持ちはわかるんですけど、補償金額を変更することはできません』。電話越しにそう説明するようにマニュアルにあるので、多くの社員がそのように伝えていました。被害者の方たちが電話をガチャって切って、あきらめさせるのが狙いとしか思えないマニュアルでした。会社の指示通り、マニュアル通りに行なえば、被害者を切り捨てる不誠実すぎるブラック賠償になります。そのためか、名刺を持つことが許されず、家族にもどこで何をしているか話すなという箝口令が敷かれていました。福島での人員はクッション役にしかすぎません。本当の賠償交渉は東京に人員が集められ、そこから電話で行なわれていました」

東京電力の正社員で、福島第一原発事故の賠償担当をしていたCさんは賠償業務の実態についてこう話した。

福島第一原発事故から五カ月たった二〇一一年八月、原賠審は、原発事故による損害賠償の指針として「中間指針」をまとめた。中間指針では、福島原発事故による賠償すべき損害項目を「精神的損害」「営業損害」「就労不能損害」「財物損害」などに類型化し、それぞれの賠償内容の指針を示した。ただ、中間指針には、「中間指針で対象とされなかったものが直ちに賠償の対象とならないというものではなく、個別具体的な事情に応じて相当因果関係のある損害と認められることがあり得る」と述べられ、柔軟に運用するよう定められている。大阪公立大学の除本《よけもと》理史《まさふみ》教授は中間指針をこう位置付ける。

「裁判などをせずとも補償されることを列挙したものであり、補償範囲として最低限の目安だということだ[※1]」

中間指針が公表された日、東京電力はプレスリリースで、「当社といたしましては、本指針を踏まえ、……被害を受けられた皆さまへ公正かつ迅速な補償を進めてまいりたいと考えております」と宣言した。

二〇一一年九月には、経済産業省の下に原子力損害賠償支援機構（以下、原賠支援機構）が設立された。賠償を支払うことが不可能となった東京電力に対し、国費で援助するための組織だ。国が交付国債を発行し、それを原賠支援機構が現金化し、東京電力に支給する。東京電力はそれを原資として被害者に損害賠償を支払う。原賠支援機構は毎年、原発を持つすべての電力会社から一般負担金を、東京電力からはプラスして特別負担金を徴収し、国へと返納するという仕組みだ。東京電力の特別負担金は、消費者が支払う電気料金に上乗せすることはできず、経営努力によって捻出しなければならない。賠償金が増えれば増えるほど、東京電力の将来の返済額が増え、経営の重荷となっていく。

賠償の仕組みができたことにより、東京電力による、被害者に対する損害賠償が本格的に始まった。

ちょうどその時期、Cさんは、賠償業務の一陣として賠償協議グループに配属された。協議グループの仕事は、東京電力が提示した損害賠償の内容に対して不満を訴えてきた被害者と協議＝話し合いをすることだった。福島に赴任する覚悟を決めたCさんだったが、職場は東京都内にある東京電力の研修センターの一室で、自席にはコールセンターにあるような電話とヘッドホンのセットが用意されていた。

「東北に出張して対面で協議を行なうものだと思っていたので、電話で被害者の方と話すだけで本当に良いのかと疑問を感じました」

これがCさんの最初の感想だった。集められた協議グループのメンバーに対して、マネージャーはこう言ったという。

「皆さんが配属されたのは協議グループですが、審査結果や審査金額を変更する権限は一切ありません」

どよめきが起こり、「それじゃ協議じゃねえじゃん」「謝りたおせってことかよ！」と疑問の声が上がったという。

「会社の言うとおりにしていたら『死神』みたいになってしまう……」。そう感じたCさんは、被害者の声を一から聞き直し、「個別の事情」を探し出し、何とか納得してもらえる賠償をすることができないか模索したという。しかし、協議グループのメンバーの中で、そうした態度で被害者に接したのはCさんを含めごくわずかで、多くの社員は、会社の指示に抗えず、マニュアル通りに「謝りたおす」ことを実行していたという。

「パフォーマンスにすぎない」

東京電力は、国からの借金を返済し終えるまで原賠支援機構とともに基本的な経営方針である「総合特別事業計画」を作成し、経産大臣の認定を受けなければならない。

二〇一一年一〇月、「特別事業計画――『親身・親切』な賠償の実現に向けた『緊急特別事業計画』」が発表された。冒頭でまず述べられているのは、被害者への賠償についてだ。


避難を余儀なくされた方々の多くは未だ御帰宅することもかなわず、被害を受けた地域の経済も、復興に向けた道のりの途上にあって、数多くの困難に直面したままである。

こうした状況を打開するための第一歩は、原子力損害の被害に遭われた方々の目線に立った「親身・親切」な賠償を直ちに実現し、事故前の営みを取り戻すための確かな足がかりをつかんでいただくことである。

十分な賠償が実施されない状況が続けば、被害に遭われた方々の苦痛は日々募っていき、不安はますます膨らんでいく。東電、そしてその賠償資金支払いを下支えする役割を担う原子力損害賠償支援機構にとって、もはや一刻の猶予も許されない。


そして、「五つのお約束」が示された。

1 迅速な賠償のお支払い
2 きめ細やかな賠償のお支払い
3 和解仲介案の尊重
4 親切な書類手続き
5 誠実な御要望への対応

Cさんに「五つのお約束」について聞いてみると、パフォーマンスだ、という答えが返ってきた。

「体裁よくきちんとやっていますという、東京電力のいつものパターンです。東京電力という会社は、偏差値の高い大学を出たエリートと高校卒採用の兵隊のような社員で構成されています。異を唱えることが許されないような社風の中で多くの社員が言われる通りに実行してしまったため、全国各地で訴訟が起きています。賠償の実態を知らないで、被害者を『タカリだ』と言う人もいますが、まったくの誤解です。自動車事故で喩えると、会社のやったことは当て逃げみたいなものですよ。理不尽すぎて気の毒ですし、社会的に大きな問題だと思います」

二〇一一年一〇月の「緊急特別事業計画」に続いて、翌二〇一二年五月、東京電力と原賠支援機構は「総合特別事業計画」を発表する。

緊急特別事業計画では一兆円と見込んでいた損害賠償金額は、二兆五四〇〇億円と二・五倍となった。その一方、東京電力の二〇一一年度決算は、七八一六億円の赤字だった。廃炉費用、損害賠償が膨れ上がっていく中、東京電力は債務超過に陥り、破綻しかねない状態だった。

二〇一二年七月、原賠支援機構は、一兆円で東京電力の株式五〇・一%を取得。東京電力は、実質国有化され、破綻を免れた。

その前月の六月、東京電力の社外から、経産省と縁が深い弁護士の下河辺和彦氏が取締役会長に就任した。同時に経産官僚の嶋田隆氏が原子力損害賠償支援機構連絡調整室長と兼務で東京電力の取締役・執行役会長補佐兼経営改革本部事務局長に就いた。

嶋田氏は、その後、経産官僚のトップである事務次官となり、岸田内閣では首相秘書官を務めている。この時点で、東京電力の経営は、実質的に経産省の支配下に置かれることになった。

国有化から三カ月たった二〇一二年一一月、東京電力は、「再生への経営方針」を公表した。

冒頭に、「基本認識」として太字でこう記されていた。

「事故の責任を全うし、世界最高水準の安全確保と競争の下での安定供給をやり抜く」

そして、「当社が直面する危機」の項目では、「当社の企業体力（資金不足、人材流出）は急速に劣化し始めている。このまま賠償・除染・廃炉の負担が『青天井』で膨らんでいき、自由化などの事業環境の変化にも対応できず、将来への展望が見いだせない企業のままの状態が続けば、士気の劣化も加速度的に進む懸念が強い」とし、「あるべき『企業のかたち』」を、「競争環境の下で、市場原理に基づいて資金調達・投資決定を自律的に行うダイナミックな民間企業に早期に回復することで、技術・人材といった経営基盤を保持し、責務を持続的に果たしていく」と掲げた。

事故の責任を取るために破綻を免れさせた上で、事業体としては賠償と廃炉作業に専念することを前提にしてきたこれまでの方針から、本格的な電力自由化を迎える中で積極的に成長していこうという方向への方針転換と言えよう。

総合特別事業計画が公表された二〇一二年中ごろ、Cさんは、損害賠償の審査業務を行なう部署に異動した。その頃の社内の雰囲気について、こう話す。

「賠償業務が開始された当初はまだ手厚く賠償しようみたいな雰囲気がありました。でも二〇一二年の秋ごろから、予想以上に賠償金が膨れ上がって原賠支援機構から融資された賠償予算が底をつき始めたと言われ始め、賠償金を抑えようという雰囲気になっていきました。朝礼でマネージャーが、『過剰に賠償している傾向にあるので、厳正に審査してください』とメンバーに言うので逆らえない雰囲気がありました。決裁権はマネージャーにありましたから、高額になればなるほど、難癖をつけられて減額されました」

五〇〇〇万円以上の損害賠償に応じる際には、マネージャーよりさらに上級管理職の決裁が必要だったという。

「弁護士や会計士、総括グループなどに相談して確認することに加え、マネージャーよりもさらに上級の管理職まで担当者を含めて九段階のステップを踏まなければなりません。マネージャーや上級管理職に難癖をつけられてバシバシ切られる。要は、賠償額を抑えるのが管理職の仕事というイメージです。上級職を丸め込んで、担当者として算定した金額を通すことは針の穴に糸を通すような厳しいものでした。きちんと賠償をしたくても、まず太刀打ちできなくて……。難癖つけられて賠償できないので、担当者が少なからず病んでいき、休職する社員もいました。被害者との間で板挟みになる感じです。当然、被害者の方からの『東京電力はおかしい』という申し出が来るのですが、被害者側の訴えはものすごくまっとうな内容ばかりでした。一般的に思われている言いがかりのようなクレームではないです……おかしいのは会社のほうです。それなのに対外的には『きちんとした誠実な賠償をしています』と言って体裁を取り繕うのです」

Cさんは苦い表情をしながら当時を振り返った。

「責任と競争」の両立

二〇一二年一二月、総選挙で民主党が破れ、第二次安倍内閣が誕生。翌年七月には参院選挙で自公が圧勝、ねじれ現象が解消され、安倍政権は盤石なものとなった。

二〇一三年一二月、安倍内閣は「原子力災害からの福島復興の加速に向けて」と題する閣議決定を行なった。ここで強調されたのは、原発事故避難者の早期帰還支援と、国が前面に立って廃炉・汚染水対策、除染など福島再生に取り組むことだった。

翌二〇一四年一月、閣議決定に呼応する形で、東京電力と原賠支援機構は新たな経営方針である「新・総合特別事業計画」を公表した。

原発事故関連費用の見込みは、損害賠償四・九兆円、除染費用二・五兆円、中間貯蔵費用一・一兆円、廃炉二兆円、合計一〇・五兆円に上った。とうてい東京電力だけで賄える額ではなく、除染費用二・五兆円は国の復興予算からいったん支払われ、将来、原賠支援機構が保有する東電株を売却する際の利益で返済することを想定した。中間貯蔵の一・一兆円は国費で賄うことになった。さらに廃炉に関する技術的課題の解決なども、国が援助することとなった。これにより資金の橋渡し役の原賠支援機構は「原子力損害賠償・廃炉等支援機構」に改組された。

しかし、膨れ上がった損害賠償分の負担金と廃炉費用二兆円は、東京電力が捻出しなければならない。そこで前面に打ち出されたのが、「再生への経営方針」で強調された、「事故の責任を全うし、世界最高水準の安全確保と競争の下での安定供給をやり抜く」＝「『責任と競争』

の両立」という方針だった。福島への責任を全うするために、電力自由化の中での競争を勝ち抜き、稼ぐ。そのためにコストダウンや合理化を徹底するとともに、持ち株会社制に移行することが決められた。原子力以外の発電と燃料部門を担う東京電力フュエル&パワー株式会社、送配電部門を担う東京電力パワーグリッド株式会社、小売部門を担う東京電力エナジーパートナー株式会社に分社化し、それぞれ特化した分野で業績を伸ばすことが示された。福島第一原発事故処理、原子力発電事業は、持ち株会社の東京電力ホールディングスが責任を持つこととなった。

賠償責任については、「五つの約束」をより明確な意思として示すために「三つの誓い」を提示した。それと同時に、原発事業については、「東電は、原子力はエネルギー政策の根幹をなすものであり、低廉かつ安定した電力供給を持続する上でも欠くことのできない重要な電源であるとの認識のもと、従来の安全文化・対策に対する過信と傲りを一掃し、不退転の覚悟を持って原子力部門の安全改革に取り組んでいく」として、積極的に取り組んでいく姿勢を打ち出した。

政府・財界・東京電力の戦略

「責任と競争」の両立がより深く議論されたのは二〇一六年のことだ。

この年の一〇月、経産省は、東京電力の改革にかかわる提言をまとめるため、有識者会議

「東京電力改革・1F問題委員会」（東電委員会。「1F」は福島第一原子力発電所の略称）を設置した。委員長は伊藤邦雄・一橋大学大学院商学研究科特任教授（以下、肩書はすべて当時）。メンバーは、学者のほかに小野寺正・KDDI社長、川村隆・日立製作所名誉会長、小林喜光・経済同友会代表幹事、冨山和彦・経営共創基盤代表取締役CEO、三村明夫・日本商工会議所会頭と、経済界の重鎮が並ぶ。その他に原田明夫・原子力損害賠償・廃炉等支援機構運営委員長、船橋洋一・日本再建イニシアティブ理事長、白石興二郎・読売新聞グループ本社代表取締役会長が名を連ねる。事務局は資源エネルギー庁と損害賠償・廃炉等支援機構。オブザーバーとして東京電力ホールディングスの廣瀬直己・代表執行役社長が加わった。政府、財界、東京電力の三者さらに一部マスコミが一堂に会する委員会となった。

委員会は二〇一六年一〇月五日に始まり、二〇一七年七月二六日までに一一回開催された。特に二〇一六年は一〇月に二回、一一月に二回、一二月には四回と高い頻度で開催された。

いったいここで何が話し合われたのか。専門家グループが、非公開だった議事録を公開させ、その内容を分析した（委員長と政府関係委員以外の発言は匿名とされた）。※2

議事録を公開させたのは、龍谷大学政策学部の大島堅一教授だ。

第一回委員会で、日下部聡・資源エネルギー庁長官は、東京電力が抱える課題として、損害賠償額と廃炉・汚染水処理費用がこれからどれくらい増えるかわからないこと、柏崎刈羽原発の再稼働が遅れていることを挙げた。

そして、原田明夫・原子力損害賠償・廃炉等支援機構運営委員長は東京電力に対する三つのミッションを提案した。①賠償や１Ｆ廃炉事業など、福島への責任を貫徹する、②このための資金を捻出できるだけの世界レベルの生産性を有するエネルギー企業に生まれ変わる、③１Ｆ事故を防げず、メルトダウン隠ぺい問題を起こした過去と決別し二度と失敗を繰り返さない。

①は責任、②は競争を意味し、その両立を提起する内容だ。そして分野別に他社との業務提携を進めることなど「非連続」の経営改革を行なうことを求めた。これを受けて、廣瀬直己・東電社長は、こう発言した。

「こうした厳しい状況のもとで、福島の責任をしっかり果たしていかなければいけないので、非連続の経営改革をしっかり進め、アライアンスや再編をしっかり進めていかなければいけないと思っています」

「責任と競争」の両立に対し、ある委員からこんな意見が出された。

「国民の目から見ますと、東京電力の責任を強く追及していくということは、本来ならば、東京電力の力が弱まっていくと考えるでしょうが、一方で、国から交付され、支援されている資金を早く返すために競争力をつけていかなくてはならないという、矛盾しているように見える問題を同時に解決をしていかなくてはならない。これが非常に問題を複雑化していると思います」

さらに別の委員からは次のような意見も出た。

「福島の復興にかかわる事業と一般の原子力事業とある程度線引きをしないと、他社との連携のところで齟齬が出てくることがあると思います。他社の方が福島の方を慮って本当に踏み込んでこられないということになるとまずいわけで、そこの線引きの仕方のところが非常に難しくなると思います」

他社の経営者からしてみれば、東電との提携によって、福島の負担まで押し付けられるのはたまらないということであろう。

二回目以降も、「責任と競争」の両立に関しては批判的な意見が出された。

「競争政策が重要か、それとも福島の復興が先かということのプライオリティーはどうなのか。プライオリティーが福島であるならば、競争政策を少し犠牲にしないと……」

こうした意見に対し、日下部長官は、国の「福島への責任」についてこう発言した。

「原子力事業や1F事業の基礎は何か。この基礎は、安全と防災を支える人材と技術だと国は認識をしています。福島事業を貫徹するという意味で、原子力の安全・防災を支える人材と技術の維持・拡大は不可欠だと考えています」

一方の「競争＝経済活動」については、「世界に目を転じてみれば、電力マーケットはおしなべて成長産業です。それは原子力も、送配電もそうです。発電も同じく成長産業です。したがって、地域市場から海外市場へという形で、電力産業が成長産業として伸びていくことも期待したいというのが国の基本的な考え方です」と日下部長官は述べた。

国が責任をもって廃炉事業を支援するとともに、東京電力が、地域の枠を越えて世界市場へ進出し、競争を勝ち抜いていくという方針を貫徹していくことを強調した。

第六回委員会では、福島事故に関連して確保すべき資金が示され、廃炉に八兆円、賠償八兆円、除染六兆円の総額二二兆円とされた。これはどのように試算されたのか。例えば、廃炉にかかる八兆円は、一九七九年のスリーマイル島原発事故にかかった廃炉処理費用を福島第一原発事故にあてはめ、事故の規模の違い（スリーマイルで事故を起こした原子炉は一機のみ）や物価上昇率などを考慮し、算出している。

この試算には疑問の声が上がっている。大島堅一・龍谷大学教授は、「試算方法は簡便にすぎ、ほとんど根拠のないものであった。……杜撰なものである。こうして得た廃炉費用を基礎に、福島原発事故の費用総額と、国と東電間の役割分担を定め、制度化していったことはまったく不適切といわざるをえない」と指摘している。[※3]

しかし、東電委員会はこの「二二兆円」という数字をもとに事故処理の計画を立てていく。二二兆円のうち国や他の電力会社の負担分を除き、東京電力が負担すべき額は一六兆円になった。この資金を東京電力はどう確保していくのか。

まず、廃炉と賠償を合わせて一二兆円は、毎年の収益の中から五〇〇〇億円ずつ確保していくこととなった。これまで新・総合特別事業計画の下、ぎりぎりまで切り詰めた結果出された年間収益は四〇〇〇億円。さらに毎年一〇〇〇億円の利益を生み出さなければならないことになる。残りの除染費用四兆円は、賠償・廃炉等支援機構が所有する一兆円分の株式の価値を企業努力により引き上げ、四兆円の売却益を実現するとした。企業価値を上げるためには、さらに利益を上積みしなければならない。

これを受けて、廣瀬東京電力社長は、「再編・統合に向けた経営改革」を示した。まず「原子力部門における再編・統合」が掲げられ、具体的な内容として最初に挙げられたのは、「柏崎刈羽原子力発電所における取り組み」だった。

「一つ目が、これは柏崎刈羽原発をどうやって早期の再稼働を進めていくかということで、そのために安全や防災をしっかりして、地元からとにかく信頼を回復していこうということです」

そして、もう一つ廣瀬社長が言及したのは、福島での原発事故処理についてだった。

「ポイントは八兆円〔廃炉費用の試算〕のお金が落ちるビジネスということです。さらに、除染を含めると、損害賠償は違うかもしれませんが、お金が回っていくということであれば、その二二兆円の巨大なプロジェクトがここでこれから行なわれるわけでありまして、そのほかの研究拠点等々も含めると、壮大なプロジェクトが行なわれるということがやはり一つの魅力になって、ここに様々なビジネスチャンスを求めるという意味でも、様々な方に参加をしていただいて、ここを作っていく。そこの中核に東京電力は当然、いつもいなければいけないと考えています」

「レベル7」という最悪の原発事故を起こした東京電力が、事故後に公表した経営改革で最初に掲げたのが「原発の再稼働」と、多額の税金が投入される「原発事故処理ビジネス」だった、ということになる。

原発事故後の経営難を打開するために原発を再稼働？

原発再稼働については、これまでの委員会でもたびたび議論されていた。

廣瀬東京電力社長「大事なこととしては、柏崎刈羽原発の再稼働をとにかく早期に実現していくということ。これによってキャッシュが大分変わってきますので、ぜひとも必要なところです」（第三回委員会）

委員「柏崎刈羽原発を動かすと利益の直積みがあるわけでして、今日様々なご苦労をされてコストダウンされていると思うのですが、東京電力の利益の額としてそのまま出てきません。……やはり一番効くのは柏崎刈羽原発を動かすということであると思うのです」（第四回委員会）

日下部資源エネルギー庁長官「当面のキャッシュフロー、特に廃炉と賠償の二点については送配電事業や原子力の再稼働が主として担う」（第五回委員会）

委員「柏崎刈羽原発が動くかどうかということに、ほとんどかかってきているのではないかと私は思います。したがって、これは東京電力が努力すると同時に、当委員会の一つの意見として、柏崎刈羽原発の稼働は国として必要であるということを、強く書き込んでいただいたらいいのではないだろうかと、このように思っています」(第六回委員会)

国、財界、東京電力、そして一部マスコミが、経営を再建し福島第一原発事故の処理を全うする資金を確保するためには、一刻も早い原発の再稼働が必要だという点で一致していた。そこには、原発が重大事故を起こした場合、社会、経済にどれほど大きなダメージを与えるかという、福島第一原発事故の教訓は、全く反映されていない。あるのは、目先の東京電力の企業としての「生き残り」だけだ。

二〇一六年一二月二〇日、第八回の委員会で、「東電改革提言」がまとめられた。東電改革としてまず示されたのは、「経済事業」への提言だった。

・東京電力の経済事業は、世界市場を狙うグローバル企業を目指す。こうした試みは、電力産業が共通して抱える危機感を克服する上での先駆的な取り組みである。東京電力の取り組みが電力産業全体に広がれば、大きな国民利益につながる。

・経済事業の理念は、「世界市場で勝ち抜くことで、福島への責任を果たす」とする。

経済事業＝競争では、世界市場で勝ち抜きグローバル企業になることが「福島への責任」を果たすことになるとしている。次に原子力事業について。

・原子力発電所の再稼働は、確実に収益の拡大をもたらし、福島事業の安定にも貢献する。
・しかしながら、東京電力は原発事故を起こした発災事業者である。単に規制基準をクリアするだけでは国民からの理解は到底得られない。福島原発事故の検証に基づき、自主的なバックフィット（最新知見の取り入れ）に対する躊躇やメルトダウン隠蔽問題を生んだ過去の企業文化と決別し、現状に満足せず、外部からの意見に耳を傾け、安全性を絶えず問い続ける企業文化、責任感を確立する必要がある。

福島第一原発事故の処理、東電の存続のために柏崎刈羽原発を再稼働させるという方針が明確に打ち出された。

そして「責任と競争の両立」に代わって「経済事業と福島事業とのブリッジ」という言葉が使われた。その内容については以下のように述べられている。

東京電力存続の原点である福島事業を支えるためには、まずは廃炉と賠償のため当面の資金を確保することが重要である。これは、主として送配電事業や原子力事業が担う。除染のための企業価値向上は、腰を据えて対応する。再編・統合が先行する燃料・火力事業、異業種連携に着手した小売事業が貢献する。加えて、送配電事業や原子力事業も、海外展開なども視野に入れ、将来的な企業価値向上に貢献する。

「責任と競争の両立」が「経済事業と福島事業とのブリッジ」に置き換わったことは何を意味するのか。金森絵里・立命館大学経営学部教授はこう指摘する。

「『両立』といった場合は、『責任』も『競争』もどちらも成立させることを含意するが、『ブリッジ』といった場合は、仮に『責任』が成立していなくても、『競争』から得た資金を福島第一原発の廃炉等に使うという関係性が存在すればよい。つまり、『ブリッジ』と言ったとたんに、『責任』が成立しなくなるおそれがある。言い換えれば、東電委員会は、『責任』と『競争』を両立させることをあきらめ、『責任』の成立を犠牲にして『競争』の成立のための改革提言をおこなうという結論を導いたといえる」※4

廃炉、賠償、除染など原発事故処理費用は二二兆円と見込んでいるが、先述のように確かな数字ではない。この金額が大幅に増えた場合、国はどう対応するのか。第九回委員会で日下部資源エネルギー庁長官はこう述べている。

「政府の見解は、今回の二二兆円は上ぶれを想定していないという議論ではありません。したがって、まずはこの制度の中できっちりと耳をそろえて福島事業に対応するという議論が基本です」

この政府の姿勢について、除本理史・大阪公立大学教授は、こう指摘する。

「賠償を含む福島原発事故対応コストの総額を抑え、その原資を安定的に確保したいという政府の意図が見え隠れする。……事故対応コストの総額を抑えることが、東電委員会、貫徹小委〔資源エネルギー庁に設けられた「電力システム改革貫徹のための政策小委員会」〕の議論の前提になっているようだ[※5]」

東電委員会での議論を経て新たに実現したのが、東京電力の託送料金で出た儲けを積み立てて廃炉費用に充てることだ。

電力の自由化により、消費者は使用した電気の値段と電力を届ける託送料金を合わせて支払うことになる。この託送料金で出た儲けを廃炉に回すという仕組みだ。これは二〇一七年に制度化された。大島教授はこの仕組みについて、こう指摘する。

「この制度は、本来、託送料金の値下げに用いて電力消費者（国民）に還元すべき財源を廃炉に回すものである。言い換えれば、福島第一原発の廃炉費用をみえにくい形で国民負担にし、東電の費用負担を大幅に軽減したのだといえる[※6]」

こうしてまとめられた「東電改革案」は、翌二〇一七年、経産大臣の承認を得た「新々・総合特別事業計画」に大きく反映された。

経営の基本方針として、「国の環境整備に甘えることなく、新々・総特に基づき、グループ社員が一丸となって、福島への責任を貫徹するとともに、非連続の経営改革をやり遂げ、企業価値の向上を実現していく」ことを宣言した。

そして、原子力事業については次のように位置づけた。

原子力事業における「原子力安全改革の推進」、「技術力の向上」、「地元本位」の取組により大胆な改革を実行していくことで、社会からの信頼回復を行っていく。

その上で、柏崎刈羽原子力発電所の再稼働を実現していき、さらに、企業価値向上に貢献するため、中長期を見据えた更なる取組として、国内原子力事業者との共同事業体の設立等、関係者との協議を重ね、再編・統合を目指す。

国と東電は、社会からの信頼を回復しつつ、積極的な競争戦略の展開と原発再稼働へ向けて邁進していくはずだった。

暗礁に乗り上げた成長戦略

しかし、東京電力が掲げた「信頼の回復」への決意は、ほどなく崩れる。

二〇二一年二月、柏崎刈羽原子力発電所の所員が他人のＩＤカードを使って不正に発電所建屋内に入っていたことが発覚。それをきっかけに、複数の侵入検知装置が壊れたままになっていたことも明らかになった。東電への信頼は再び失墜した。原子力規制委員会は、核燃料の移動を禁止する命令を出した。この命令が解除されるまで再稼働に向けた作業は許されない。柏崎刈羽原発の再稼働の行方は見通せない状況となった。

一方、日本政府は、二〇二〇年一〇月、世界の流れに押されるように、二〇五〇年までに温室効果ガス排出を全体としてゼロにするカーボンニュートラルを目指すことを宣言した。東京電力は、これまで頼りにしていた石炭火力発電などの事業を縮小せざるを得なくなった。二〇二二年三月、東京電力と中部電力の共同出資で設立された、日本最大の火力発電会社JERAは、保有する九基の火力発電所の廃止を発表した。これは原発四基分の出力に相当する。

こうした状況の下、二〇二一年八月、新たに第四次総合特別事業計画が公表された。対応していかなければならない点としてまず挙げられたのは、「東電に対する社会や地元からの信頼は大きく毀損しており、失われた信頼を回復することが最優先の課題となっている」ということだった。いったい何度目の「信頼回復」宣言だろう。

経済事業に関しては、東電改革提言で掲げられた「世界市場で勝ち抜くことで、福島への責任を果たす」といった威勢のいい言葉はない。「責任と競争の両立」や「ブリッジ」という言葉も方針から消えた。

その一方、原発再稼働の方針は堅持された。まず「カーボンニュートラルへの挑戦」を前面に押し出し、「カーボンニュートラルに対する国内外の機運の高まりをとらえ、東電の事業の軸足を大胆にカーボンニュートラルへシフトさせていく」とした。そして、日本が抱えるエネルギーのリスクについて、「昨今の世界的な潮流として、カーボンニュートラルへの急速なシフト、自然災害の激甚化・広域化、地政学的リスクの高まりなどがある。東電HDは、お客さまに電気を安定的にお届けするために、電気事業者としてこれらのリスクに適切に対応していく必要がより高まっている」と指摘したうえで、原発の優位性をこう説く。

原子力発電は、運転時には温室効果ガスの排出がないゼロエミッション電源の一つであるとともに、燃料投入量に対するエネルギー出力が圧倒的に大きく、数年にわたって国内保有燃料だけで生産が維持できる低炭素の準国産エネルギー源として、優れた安定供給性と効率性を有しており、運転コストが低廉で変動も少ないベースロード電源である。また、燃料資源の供給元が世界中に分散していることから地政学的リスクの影響も受けにくい。

そして、原発再稼働についてこう述べている。

地元地域や社会のみなさまからの東電への信頼回復を大前提として〔柏崎刈羽原発の〕再稼働を目指していく。……東通原子力発電所の建設再開、原子燃料サイクル事業の推進にも取り組み、社会からの信頼を得て、カーボンニュートラルにおける重要な役割を担っていくことを目指す。

カーボンニュートラルの実現を理由に新たな原発の建設や核燃料サイクル事業の推進にまで

踏み込んだ。

賠償見通し額は二〇二一年三月時点で一二兆円を超えた。原発事故被害者の裁判はまだ全国で続いており、さらに今後、汚染水の海洋放出による「風評被害」の賠償も見込まれる。国が政治判断で東京電力を動かし、賠償額を抑えようとしても、その通りにはならない。

国、東電、財界が目指していた「責任」と「競争」の両立は崩れた。

福島第一原発事故の賠償担当だったCさんは、事故から一一年経っての思いをこう語る。

「会社の表裏が激しすぎて、わけが分かりませんでした。個人的には、目の届く範囲で限界まで賠償したつもりですが、東京電力という組織全体では傷ついた被害者を蔑ろにしたことは間違いがなく、本当に罪深いものだと思います。自殺者まで出ていますから……。見せかけの復興、見せかけの賠償の中で理不尽な対応をされて、今も苦しんでいる被害者の方々のことを想うと、気の毒で仕方がありません。事故から一〇年以上経った今も全国各地で東京電力関係の訴訟が起きるのは当然だと思います」

取り残される避難者

「もう富岡に帰りたい」

「どうにもならなくなったら、富岡に昔よく登っていた山があるんですけど、そこに行って死ぬから……」

二〇二一年末、電話でこう話したのは、東京電力福島第一原発事故で福島県富岡町から東京に避難してきた工藤恵美さん（五四歳）だ。

「うん、うん」と深くうなずきながら話を聴くのは、臨床心理士の萩原裕子さん。原発事故直後から原発事故避難者の相談にのってきた。工藤さんとは月に一回の割合で話をしている。

工藤さんは通信制高校三年生の次女とアパートに暮らすシングルマザーだ。二〇一九年三月末に福島県からの家賃支援が打ち切られた。その後は別れた夫から娘あてに一〇万円の仕送りをしてもらい、そこから八万円の家賃を支払ってきた。

しかし二〇二一年、元夫は病気を理由に解雇され、仕送りは約三分の一に減った。このままでは家賃を払い続けることはできない。工藤さんはパートとして働いているが、職場の人間関係の悪化により精神的に追い詰められ、適応障害と診断された。医師からは一刻も早く仕事をやめるよう言われている。岩手県出身の工藤さんだが、心に思い浮かぶのは、四人の子どもを育てた富岡町のことばかりだ。

「もう富岡に帰りたい、富岡に帰りたい、なんで私たちはここにいるんだっていう気持ちでいっぱいなんです。世話になった叔母に『子どもを育てたところが故郷だからね』って、言われて、ああそれだって思ったんです。もう福島が私の故郷だったんだって」

萩原さんはこう答えた。

「四人育てた、かけがえのないふるさとですもんね」

話は、とりとめもなく広がっていく。

「冬の時期に来るともやーっとした感じになるんです。三月一一日には黙とうができない……」

さらに富岡町を訪ね、すぐ歩いて行けるところに自宅があるのに、バリケードで封鎖され、訪ねることができなかった時の思いをこう話した。

「津波にあった方はそこ（自宅のあった場所）に立てる。私たちはそこに行けないよって、すごく悔しかったんです。こんなこと津波で被害にあった方たちに絶対言えないことですけど、でもその時に、私、そういう気持ちを抱いてしまったんです」

萩原さんは、「苦しみは比べられることじゃないですよ。それぞれのつらさの質が全然違うと思うんです。工藤さんは工藤さんでそれは言っていいし、感じていいです。『そこに立つことすらできない』っていうのは、どれほどのお気持ちかと思いながら聴いています」と寄り添う。

さらに工藤さんは言葉を詰まらせながらこう言った。

「何年たったからとかそういうことではないんですよ。お金くれる、くれないんじゃないんですよ、何年も長く住んだ場所を追われて『金出してやって、住む場所ができたからいいだろ』ではないんですよ」

二人の会話は、二時間半におよんだ。最後に工藤さんは語った。

「とりとめない私のお話を一〇〇％聴いてくださるので、本当に申し訳ないなと思うんですけど、気持ちがすごく軽くなりました。本当にありがとうございます」

萩原さんは、避難者と会話する意味をこう話す。

「吐き出せなかったいろんな思いをそのまま話していただき、私もそれを聴かせていただきながら、気持ちを一緒に机の上に並べて客観的な整理につなげる。『話す』ことは『手放す』ことでもあり、気持ちを解放することにつながっていきます。心の中でぐるぐるまわっていたものが整理されて、少しでも楽になられたのならば、良かったなと思います」

娘の夢をかなえたい

この電話から二週間後の二〇二二年一月五日、萩原さんと連携して避難者支援にあたる司法書士の中川博之さんが、工藤さんのアパートを訪ねた。

工藤さんの次女は、小学校以来、不登校が続いている。唯一の楽しみは、好きなアイドルのライブに行くことだ。通信制高校の卒業を前に次女は、これまでになく将来に意欲を見せ始めていた。好きなライブを支える仕事に就きたい。そのために都内の専門学校に通い、音響技術について学びたいと言い出した。しかし、家賃の支払いにも苦労している工藤さんには、娘の専門学校の学費を用意することは難しい。

そんなときに思い出したのが、二年前、東電に請求したが支払われなかった、次男のアパートの家賃賠償のことだった。現在独立している次男は、福島県から避難してきたあと、アパートに一人で暮らし、専門学校に通っていた。当時、次男は未成年だったため、アパート契約の名義は別れた夫だった。工藤さんは、アパートの家賃賠償を東電に求めたが、契約者である元夫でなければ請求できないと言われた。工藤さんと元夫は、離婚して以来、まともに会話をすることが難しい関係だ。工藤さんは、次男の家賃賠償の請求をあきらめてしまっていた。

次女の夢だけはどうしてもかなえてあげたい……。工藤さんは、次男の家賃賠償をもう一度請求し次女の専門学校の学費に充てられないかと考えた。しかし、元夫や東電との交渉は、工藤さんに重くのしかかった。

「何とかしなくちゃいけないとは思っているんですけど、でも一人でやるのは、つらいというか、しんどいんですよ……」

工藤さんは司法書士の中川さんに相談した。中川さんは、元夫に連絡し、「次女の夢のために家賃補償の請求に力を貸してほしい。委任してくれれば、面倒な手続きはできる限り私が行なう」と持ちかけ、元夫は、それを承諾した。

今回、中川さんが工藤さんの自宅を訪ねたのは、東電から元夫あてに送られてきた家賃賠償の請求書に必要事項を書き込み、添付しなければならない書類をそろえるためだ。ここで次男が暮らしていたアパートの賃貸借契約書が工藤さんの手もとにないことが分かった。家賃賠償請求の際、賃貸借契約書の提出は必須だ。工藤さんによれば、前回、賠償請求を取り下げたとき、東電の担当者から提出した書類を預かることができると聞いて、そのまま保管してもらうようお願いし、それ以来、東電に預けたままだという。工藤さんは、前回、賠償請求した際に、幾度となく東電に電話した上で賠償は支払われなかった。その経験から、東電に電話しようとするだけで、胸が締めつけられ、気持ちが悪くなってしまうという。そこで、代わって中川さんが東京電力の福島原子力補償相談室に電話をかける。

中川「ご本人、工藤恵美さんが東電に資料を添付して請求書と一緒に送ったんですよ、数年前にね。そうすると契約者さんが旦那さんの名前なので旦那様の請求じゃないとだめと言われまして、その時にですね、『送った資料はどうしますか』と質問されて、『東電さんのほうで保管してください』ということで東電さんのほうで資料を保管しているっていうことになってるんですね。その資料が未だに保管されているかどうかという確認なんです」

東電担当者「原則的に一度お取り下げいただきますと、こちらでお預かりはせずに領収書（など書類）につきましては、ご返却させていただいているようなんですね」

中川「保管していただいているはずです」

東電担当者「もう少々お待ちください。確認します」

……ここでしばらく待たされる中川さんと工藤さん。

工藤「向こうが勘違いしてる。でもこれで向こうが持っていないと言ったら、裁判などする

東電と電話交渉する司法書士・中川さん（左）と被災者・工藤さん（右）

しかないんですか」

中川「言った言わないになっちゃうから……」

工藤「そうするとまた時間がかかる。うわー」

工藤さんはうなだれた……。

東電担当者「中川様、お待たせしてしまいまして申し訳ございません。やはりご請求いただいてお支払いに至らなかった場合の証明書類につきましては、原則的にご本人様にお返ししておりますので、こちらでお預かりしているということはないようなんですが」

中川「本人としては自分が保管してね、なくすよりも、しっかり保管してくれる東電さんに保管してもらったほうがいいと考えて、じゃあ保管してくださいと返事をしたらしいんですよ。それに対して今のあなたの返事はそんなものは知りませんという返事だよね」

東電担当者「『保管しましょうか』という履歴は

今の段階で見つかっておりません」

中川「じゃどうすればいいの、我々は。なくした書類はだれの責任？　本当に返してるの？　返したという履歴はあるの」

東電担当者「もう一度お待たせしては申し訳ないので、もう一度、状況だとか確認取らせていただきまして、（連絡するのは）中川様あてでよろしいですか。固定（電話）をお伺いしてよろしいでしょうか」

中川「いいですよ」

書類が東京電力に保管されているかどうかを確認してもらうという用件だけで、電話でのやり取りは三〇分ほどかかった。

数日後、東電から中川さんに連絡があった。書類は東電が保管している、とのことだった。

その後、工藤さんは、東京電力から、元夫を経由して次男の家賃賠償約二〇〇万円を受け取り、そこから娘の専門学校の入学金と学費を捻出することができた。二〇二二年四月、娘は都内の専門学校に入学した。一方、工藤さんは、一月に会社を解雇された。工藤さん親子は、家賃が安い神奈川県内のアパートに引っ越した。工藤さんは、雇用保険の失業給付で生活しながら、次の仕事を探す日々が続いた。

「私にとっては過去じゃないんです」

「休まるときのない三〇〇〇日を超えた日数を想像してもらえばいいのかなと思いますけれども……」

二〇二〇年に取材した時、Dさんは避難生活についてそう話した。

「四〇〇〇日超えちゃいましたけど、変わらないです。私にとっては過去じゃないんです。今も現時点でもずっと続いている」

二〇二二年九月、久しぶりに会うとDさん（四五歳）はこう話した。

Dさんは、福島原発事故直後、福島県浪江町から、妻と五歳の長男、三歳の長女とともに埼玉県の団地に避難した。その後、勤めていた会社は、Dさんをはじめすべての従業員を解雇した。Dさんは生きがいを持って働き続けていた仕事を失った。生活に困窮し、インターネットで支援物資を申し込むと、ネット上で「乞食」と非難された。原発事故から二カ月後には、団地のベランダから下を見て、飛び降りたら楽になるだろうな、という気持ちをたびたび抱くようになった。不眠、頭痛、吐き気、希死念慮などが絶えることがなく、二〇一二年七月、神経性障害と診断された。

二カ月後、精神病院に通院途中、交通事故に遭い、大腿骨頸部骨を粉砕骨折し、二カ月以上入院した。その後、約二年四カ月の間に四回の入院手術を繰り返した。不眠や希死念慮は続いていたが、肉体的にも精神的にも精神病院には通うことは出来なかった。

症状がようやく落ち着いた二〇一六年六月、別の精神科を受診すると、うつ病と診断された。医師の診断書には、「平成二三〔二〇一一〕年三月一一日以降避難生活を強いられ、それにともない強い不安感、抑うつ気分、睡眠障害などが出現するようになった」と書かれ、うつ病と避難生活を関連づけている。Dさんは、家族の暮らしを支えるため、東電に損害賠償請求をしようとしたが、書類を見ることさえできない精神状態が続いた。

二〇二一年三月末、一〇年間に延長されていた東電に対する原発事故の損害賠償請求が消滅時効を迎えた。東電は、時効以降も損害賠償に応じることを表明しているが、法律的には曖昧にされたままである。時効の直前、Dさんは、政府の機関である原発ADRセンターを通して東電に損害賠償を求めることを決意した。求めたのは、精神疾患になったことによる避難生活慰謝料の増額、精神疾患治療のためにかかった医療費や交通費などの賠償、そして精神疾患により働けなかったことに対する賠償だ。

これに対し東電はこう主張した。

Dさんが交通事故の後、うつ病と診断され、長期間通院していることについて、「『うつ病』は、交通事故による受傷及びその後の再就労への不安等のほか、ご家族との関係性によるストレス等が大きく思慮され、それ以前の精神疾患との継続性を肯定することができず」、したがって、慰謝料増額、医療費や働けなかったことへの賠償、いずれも支払うことは困難である、と。

東電の主張について、Dさんの代理人を務める猪股正弁護士はこう反論する。

「東電は、避難者に裁判と同様の主張・立証を求めています。ADRの特性である、柔軟に迅速に適切な水準で解決を目指すという姿勢がまったくありません」

さらに、うつ病の原因が家族関係にあるという主張については、「浪江町の住まいも仕事も奪われて平穏な日常を壊されれば、夫婦の関係にだって影響するわけです。けれど、それは原発事故のせいじゃないですか。自分たちが引き起こした原発事故とは関係がないと言い、家族間の問題にすり替えて、原発事故に真摯に向き合わない。それがさらに避難者を傷つける。現にDさんは苦痛を増大させています」

交通事故で精神科に通えなかった期間も精神疾患が続いていた証拠を固めるため、Dさんは、うつ病に耐えながら、書類に向き合い続けた。

二〇二二年四月、Dさんは、排尿時に耐えられないほどの激痛に襲われた。痛みは日常的に続くようになり、賠償請求の準備作業を続けられなくなった。前立腺炎と診断された。

「体が悲鳴を上げたんですね。本当に物理的に動けなくなってしまった。病院に通って一カ月、二カ月かけて回復してきたんですけども、動けるようになって、何とか東電側の理不尽なものに対して、怒りを含めて事実を突きつけようとするんですけれども、書類に触った瞬間に体がもう悲鳴を上げるようになってしまって、また同じことの繰り返しになってしまっています」

自分一人では賠償請求を続けていくことはできないと感じたDさんは、妻にその作業を託さざるを得なかった。

猪股弁護士は、ADRを含めた原発事故の賠償システムについてこう指摘する。

「避難を強いられて、生活がガタガタになって力が弱っている人たちに、自分で直接請求やADR、裁判で損害賠償の請求をさせる。そこから根本的に間違っています。国の責任で進めてきた原発による事故の被害なのだから、被害者の自己責任ではなく、国の責任で、自分では動けない人たちも含めて、取り残される人がいないよう幅広く支えるのが本来のあり方だと思うんです」

避難者の三七％がＰＴＳＤの可能性

臨床心理士の萩原さん、司法書士の中川さん、弁護士の猪股さんら、原発事故避難者の支援を行なう専門家グループは、早稲田大学災害復興医療人類学研究所とともに、原発事故一年後の二〇一二年から、首都圏に避難してきた人々を対象にアンケート調査を続けてきた。内容は、避難者の心身の状態から、経済状況、避難先での周囲の人々との関係など多岐におよぶ。アンケート用紙は、避難元自治体の協力の下、広報誌などに同封され避難者に配布される。

二〇二二年一月から四月にかけて行なわれたアンケートでは、浪江町、双葉町、大熊町、富岡町、いわき市から避難している五三五〇世帯に送られ、五一三件の回答を得た。

図1 PTSDの可能性が高い避難者の割合

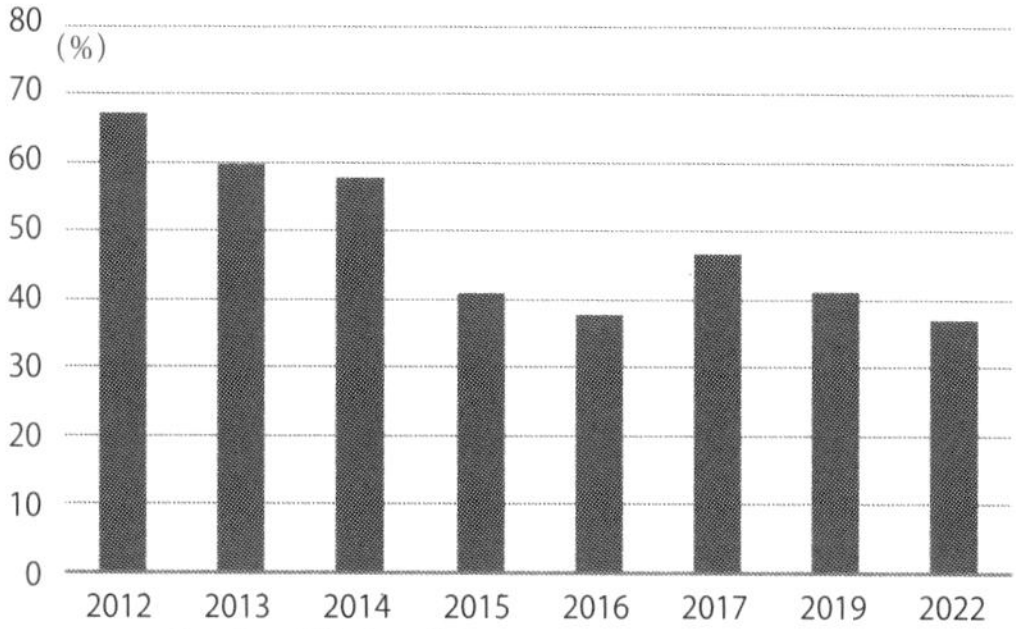

※IES-R 25点以上の避難者の割合
出所：早稲田大学災害復興医療人類学研究所など

このアンケートで、避難者の三七％がＰＴＳＤ（心的外傷後ストレス障害）である可能性が高いことが分かった。原発事故から一一年がたった今でも四割近くの避難者が、原発事故のトラウマを抱えて苦しんでいる可能性があるということだ。

さらに、ＰＴＳＤの可能性が高い人の割合の推移を**図1**で見てみると、原発事故翌年の二〇一二年に六七・三％だったのが、その後下がり続け、二〇一六には三七・七％となる。しかし翌二〇一七年には四六・八％に上がり、その後は今回の調査まで四〇％前後を推移している。

アンケート結果を分析した心療内科医で早稲田大学人間科学学術院教授の辻内琢也氏によれば、一般的な災害の場合、ＰＴＳＤの可能性が高い人の割合は、時が過ぎるにつれて下がっていくという。辻内教授はこの症状を「フクシマ型ＰＴＳＤ」と名付けた。

なぜ、福島の原発事故被害者の場合、ストレスの高止

図2　原発事故避難者数の推移と政策別期

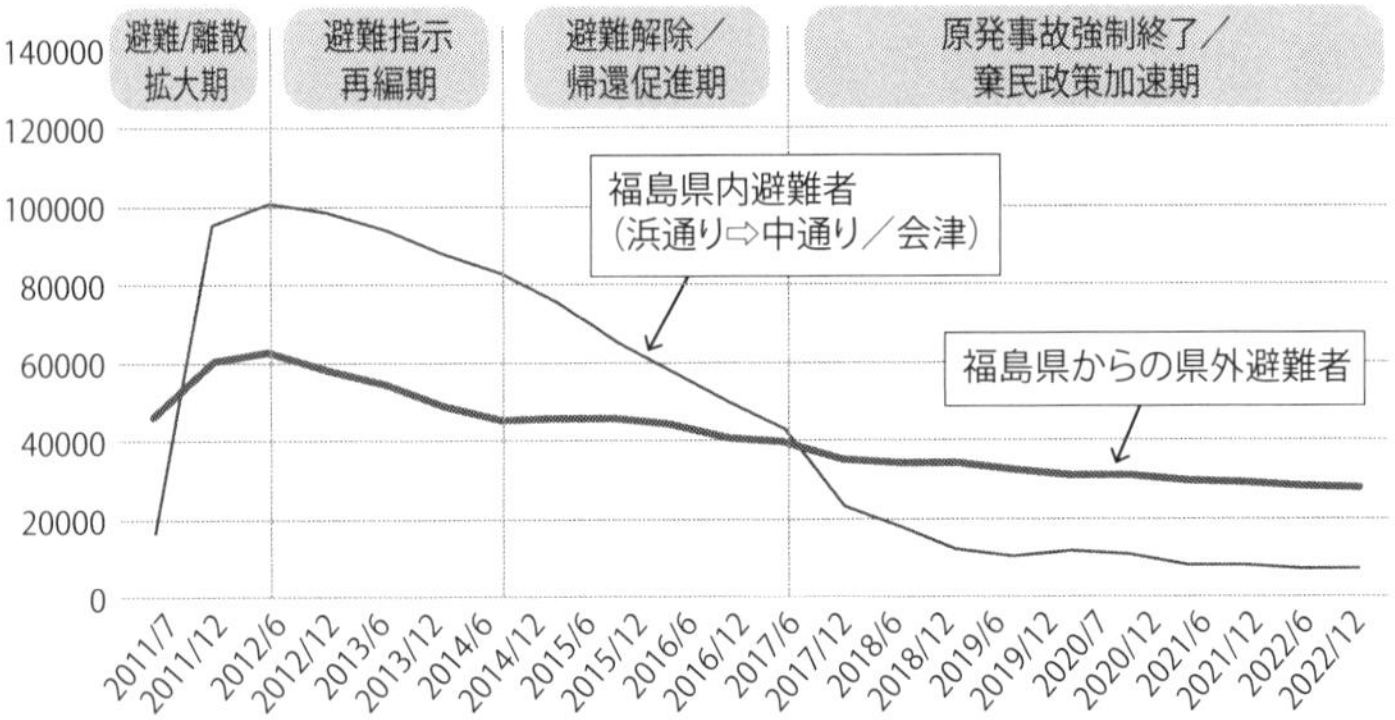

出所：「福島原発事故被災者 苦難と希望の人類学 ―― 分断と対立を乗り越えるために」早稲田大学災害復興医療人類学研究所（WIMA）を一部改変。

まりが続いているのか。辻内教授は、これには国の避難者政策が影響を与えているという。**図2**は、避難者数の推移と辻内教授がその時々の避難者政策で期間を区切ったものだ。

最初は、二〇一一年の原発事故発生時から二〇一二年六月までの「避難／離散拡大期」。原発事故が発生し、福島第一原発から二〇キロ圏内を基準に「避難する」ことを目的として避難区域が設定された時期だ。放射能汚染の拡大とともに大量の人々が避難し、家族や地域住民が離散していった。

次に二〇一二年六月以降二〇一四年六月までの「避難指示再編期」。「帰還」を目的とした避難区域の再編が進んでいった時期だ。避難区域は、三つに分けられた。年間積算線量が五〇ミリシーベルトを超える恐れがあり、五年たっても二〇ミリシーベルトを下回らないとされた「帰還困難区域」。住むことはもちろん、一時立入をするにも許可が必要なエリアだ。

次に、年間積算線量が二〇ミリシーベルトを超える「居住制限区域」。住むことはできないが、一時帰宅や道路の復旧のために立ち入ることは可能だ。

そして、年間積算線量が二〇ミリシーベルト以下になることが確実とされた「避難指示解除準備区域」だ。避難区域ごとに賠償金額が定められ、賠償の有無や多寡による住民の分断が進んだ。この時期、福島県内避難者、県外避難者の数は同じような割合で減っていった。

二〇一四年六月以降、二〇一六年一二月までは、「避難解除／帰還促進期」。政府による避難者の早期帰還政策が実行に移された時期だ。「避難指示解除準備区域」の避難指示が次々と解除されていった。福島県内の避難者たちは、解除地域に帰還するか避難先に移住し、県内避難者の数は急速に減っていく。一方、県外避難者の減少は鈍化し、横ばいに近くなってくる。

そして、二〇一六年一二月以降、現在まで続く「原発事故強制終了／棄民政策加速期」。「帰還困難区域」の中に「特定復興再生拠点区域」が設けられ、集中的に除染やインフラ等の整備が進められ、「帰還」がより促進された。二〇一七年三月の、いわゆる「自主避難者」に対する住宅支援打ち切りを皮切りに、二〇一九年には旧避難区域からの避難者に対する仮設・借上げ住宅提供が打ち切られ、二〇二〇年三月には、帰還困難区域からの避難者への住宅提供も打ち切られた。福島県内避難者の数は二〇一六年一二月から二〇一七年の半年間に急こう配で下がっている。一方、県外避難者の数は若干減少するものの、ほぼ横ばいだ。

故郷から離れた場所に生活基盤を築き、長期間生活してきた県外避難者にとって、ふるさとに帰る決断をするのは簡単なことではない。家庭内で、子どもと両親、祖父母などそれぞれ、帰還への意向がばらばらであることもめずらしくない。

ＰＴＳＤである可能性が高い避難者の割合が高止まりした時期は、ちょうどこの「原発事故強制終了／棄民政策加速期」に重なる。辻内教授は、その理由をこう指摘する。

「住宅支援の打ち切りなど政府や福島県の住宅政策を見る限り、帰還の促進は、帰還しない人々の切り捨てにつながっています。この切り捨て政策の影響をもろに受けたのが、県外避難者です。さらに社会全体として、原発事故はすでに終わった出来事だと認知されるようなプロパガンダが進められています。まさに原発事故の『強制終了』が推し進められているのです。こうした社会の仕組みや構造がもたらす暴力、『構造的暴力』が、現在までふるわれ続けているため、避難者は、トラウマから逃れられないのです」

明らかになったＰＴＳＤの三大要因

さらに、今回のアンケートでは、三つの要素がＰＴＳＤの可能性に大きくかかわっていることが明らかになった。

まず、「現在、失業している（定年退職以外）」と回答した人は、失業していない避難者に比べてＰＴＳＤである可能性が六・三五倍高い。回答した避難者のうち、失業していると回答した人は三六・五％。三人に一人以上が失業していることになる。萩原さん、中川さんら専門家グループの日常活動でのヒアリングによると、特に四〇代、五〇代の働き盛りの男性が避難先で新たな仕事を得られなかった例が多い。福島の地元で何十年も続けてきた生業が断たれ、それまでの仕事のキャリアは全く活かされず、警備員、清掃員、倉庫の仕分け作業など、全く経験のない非正規の仕事に就いたり失業したりを繰り返さざるを得ない状況の男性が多いという。失業は収入の減少による経済的困難に直結するだけではなく、生きがいの喪失にもつながる。

次に「原発事故に対する賠償や補償問題についての心配事がある」避難者は、心配がない避難者に比べて、ＰＴＳＤである可能性が、実に一三倍も高い。そして、二〇二二年の調査で、賠償・補償問題に心配があると答えた避難者は、五六・八％に及んでいる。損害賠償請求が一部しかできていない避難者も二三・三％に上る。これは、原発事故によって強制移動させられ心身の不調を抱えた人や高齢者が多い中で、各自自己責任で損害賠償の請求手続きをさせるという制度設計に無理があることを意味している。

また、賠償の格差が避難者同士の分断を生み、不満を募らせている現状もある。自由記述欄には、避難者の賠償・補償に対する思いが記されていた。

「〔家賃賠償・精神的賠償など〕賠償終了なのはおかしい。あれだけまだ帰れない場所があるのに終わりなのはおかしい。最後までやるべきです。私たちは家やいろんなものを奪

われたのだから、あれだけで終わらせていいのかちゃんと考えるべきです」（三〇代男性　避難指示区域内）

「帰還困難区域と賠償金が違うこと。一本の線で区域を決めることでなく町全体の線量測定できめてほしい」（五〇代男性　避難指示解除区域）

「移住と避難で全財産に近い物が無くなり、老後の生活が見えない」（六〇代男性　避難指示区域外）

「国が決めた原発なんだから事故に対してしっかり補償するべきです」（四〇代女性　避難指示区域外）

さらに、「原発事故の避難者・被災者・被害者であることによって、いやな経験をしたことがある」避難者は、ない避難者に比べて五・九倍、ＰＴＳＤである可能性が高いことも分かった。いやな経験をした避難者の割合は、「よくあった」一七・四％、「少しあった」三〇・四％、併せて四七・八％に及ぶ。自由記述には「嫌な」体験が数多く記されていた。

「原発事故後、約一一年経過しようとしているが、現在移住先でも福島県出身だということは話せず。……いまだに放浪しているような気がする。過去に偏見や差別を受けているので、絶対に話せないと思う。同じ立場を経験した者同士しか、分かりあえないの

ではないだろうか？」（五〇代女性　避難指示区域内）
「生活や仕事では、被災者というレッテルで、賠償もらっているのだからといわれ働くことないだろうとか……時間外の仕事をさせられて帰りはいつも、最後になる。又、近所の付き合いもなく無視されて、いじめにあっているような感じになります」（五〇代男性　避難指示区域内）

その結果、「原発事故によって避難・移住してきていることを地域の人に話すことに抵抗がありますか」という質問に「ある」「少しある」と答えた人は五三・七％に及んだ。半数以上が原発事故の避難者だとなかなか言えずに生活しているということだ。

「失業」していてかつ「賠償・補償に心配ある」と回答した避難者は有効回答をした四三四人のうち一二四人、二八・六％に上る。二つが重なった場合、PTSDである可能性は八一・六倍に跳ねあがる。さらに「嫌な経験をした」を合わせて三つが重なった場合には、PTSDである可能性は、計算上では四八四・四倍に膨れ上がる。

実際に、先述した工藤さんもDさんも、この三つの要件をすべて抱える中で、精神疾患を患っている。

さらに辻内教授がPTSDの根本的な要因として挙げるのが、事故の責任の不透明さだ。

過去、海外で起きた人災で、その責任が明確にならなかった場合、PTSDの可能性がある被害者の割合は長期間にわたって高いことが明らかになっているという。
辻内教授は、「事故の責任の不透明さや、事故対応の遅れ、そして不十分な救済といった要因が、原発事故被災者の高いＰＴＳＤ症状の要因であろう」と指摘する。

避難者のＰＴＳＤと東京電力

二〇二二年三月七日、全国で初めて原発事故被災者が東電に対し集団で提訴した避難者訴訟第一陣で、最高裁は東電の上告を却下した。これにより、東電に対し中間指針を上回る損害賠償の支払いを命じた仙台高裁の控訴審判決が確定した。
三カ月後の六月五日、福島第一原発が立地する双葉町にある東京電力福島復興本社で、第一陣の原告避難者たちと東京電力の幹部が対面した。東京電力ホールディングス常務取締役・福島復興本社代表の高原一嘉氏が、同社代表執行役社長小早川智明氏の謝罪文を読み上げた。

当社の起こした事故により、皆さまのかけがえのない生活やふるさとにとても大きな損害を与えたことにより、皆さまの人生を狂わせ、心身ともに取り返しのつかない被害をおよぼすなど、様々な影響をもたらしたことに対し、心から謝罪いたします。誠に申し訳ございません。……当社にとって、「福島への責任の貫徹」が最大の使命であり、その責任を果たすために存続を許された会社であることを社員全員が肝に銘じ、福島復興本社代表の高原とともに、主体性を持って全力で取り組んで参ります。

東電が、社長名で集団訴訟の原告たちに謝罪するのは初めてのことだ。内容も、ふるさとへの損害など、これまで東京電力が認めてこなかった損害について踏み込んでいる。

この謝罪文は、東京電力側の代理人と原告・避難者側の代理人の間で、繰り返し交渉した結果、出されたものだ。交渉で原告・被害者側の窓口となったのは、米倉勉弁護士だった。米倉弁護士が、東電側が故郷喪失などの損害に踏み込んで謝罪したこととともに重要なのは、次の部分だという。

当社は、あのような大きな事故を防げなかったことについて、深く反省しております。そして、社員に対して事故の反省と教訓を伝える研修などにより、事故の事実と向き合い福島への責任を果たす覚悟と安全に関する意識の改革について、世代を超えて引継ぎ、人が変わっても、これを企業文化として根付かせるべく取り組みを進めております。

これまで東京電力が繰り返してきたのは、「ご迷惑とご心配」をかけたことへの謝罪だった。これは、「想定外の大災害で、自ら防ぎようのない原発事故が起きてしまった。事故が起きて多くの人々に『迷惑と心配』をかけたことは事実なのでお詫びします」という「無過失責任」

謝罪する東電幹部（右）と避難者訴訟 早川篤雄原告団長（左から2番目）、金井直子事務局長（左）

の下での謝罪を意味する。

今回の謝罪では、「事故を防げなかったことについて、深く反省しております」としている。もし何をしても防げない事故であったとしたら東電は、反省する必要はない。つまり防げた可能性があったからこそ、反省していることになる。さらに、防げなかった事故ならば、そこから、「教訓」を引き出して、後世に引き継ぐことは出来ない。

「東電側はストレートに認めることを避けてきたわけなんですが、これは、婉曲ながら『過失責任』の所在を自認したものとも言えます。加害企業の態度としては、被害者からすると、不十分なんです。だけど、これが、ギリギリの、最低限、東電に認めさせたことです」

謝罪文を受け取ったのは、原告団長の早川篤雄さんだ。楢葉町にある宝鏡寺住職の早川さんは、一九七〇年代から、福島第二原発建設反対運動の先頭に立ってきた。謝罪文を聞いた早川さんは、次のように応じた。

はじめに、私個人の想いを述べますが、非常に複雑で一言で言い表すことは出来ません。……私はこの表明を受けとめ、東京電力が、本件事故を防げなかった原因と責任について、これまでの司法判断を含めて客観的に事実に基づき、究明する努力を尽くすことを求めたいと思います。

次に、今回の東京電力の「謝罪」は、私たち原告団に対して表明されたものですが、……すべての被害者に向けられたものと受け止めます。

原告団事務局長の金井直子さんは、原発事故までは、楢葉町でサラリーマンの夫、二人の息子とごく普通に暮らしてきた主婦だ。その金井さんも次のように述べた。

本日、強制避難指示を受けた地域住民代表の私たちに対して、正式に貴殿東京電力ホールディングスから真摯な謝罪を受けたことを素直に受け止めたいと思います。……今後、原発事故の加害者である貴殿東京電力側と、被害者である私達地域住民側の協働が無ければ、この地域の確かな再生と復興は望めません。……どうか、本日の言葉を胸に刻み、より一層、事故で被害を受けた地域住民のために奮闘努力していただきますように、今後の責殿の姿勢に大きく期待します。

ちょうど同じ頃、避難者訴訟第二陣である南相馬訴訟の控訴審が結審の時期を迎えていた。請求内容は第一陣と同様だ。

仙台高裁で裁判を担当したのは、第一陣と同じ小林久起裁判長。小林裁判長は、原告避難者、被告東京電力に対して、自らが下し、最高裁で確定した第一陣控訴審判決と同様の内容での和解を促した。原告の避難者側は和解の受け入れを表明したが、東電は拒否した。小林裁判長は、もし判決を求めても、第一陣と同じ内容になると説得したが、東電は応じなかったという。

二〇二二年八月四日、第二陣南相馬訴訟は最終期日を迎えた。東電側の棚村友博弁護士は、住居確保費用の賠償や働くことができなかったことに対する賠償など、避難者が受け取った賠償額を並べた上でこう主張した。

「このような全体としての賠償額は、生活再建を図り精神的苦痛を慰謝するうえで十分な金額にあると考えます」

すでに見てきたように、これまで十分な賠償を払ってきたので精神的な損害は十分癒されている、という主張だ。一方で謝罪しながら、一方で慰謝料を値切る。

こうした東電の態度に対し、謝罪を素直に受け止め、故郷の復興のためにお互い協働していきたいと話した金井さんはこう語る。

「東電が、私たち第一陣原告団に謝罪したことは、同じ原発事故避難者すべてに向けられた謝罪でなければならないはずです。つまり、東電が本当に真摯に反省しているというなら、これ以上、避難者を苦しめる争いは避けるべきです」

東電が支払った賠償金は、二〇二二年九月一六日段階で一〇兆四六七七億円に上った。しかし、前述の避難者アンケートでは、五三％の避難者が賠償は不十分だと回答している。

東電の社長名での謝罪から半年後の二〇二二年一二月二九日、早川住職は、誤嚥性肺炎で亡くなった。享年八三。

原発事故翌年の二〇一二年、早川住職は奥さんとともにいわき市のアパートで避難生活を送っていた。押し入れには、盗難を避けるために持ってきたご本尊の仏像が分解され新聞紙にくるまれて保管されていた。「こんな格好でおかなくちゃいけないのはもう……言葉ないな……罰当たりな話だ」とため息交じりに語った。

楢葉町の避難解除後、宝鏡寺に戻ったころは、こんなことを語っていた。

「夜、裏の墓場に酒を持っていって、先に逝った連中と呑むのが楽しみだ……」

東京電力に謝罪させた早川さんだが、最後まで憤っていたのは、国が責任を認めないことだったという。亡くなったのは、国の責任を問いただす新たな訴訟を起こそうと相談している最中だった。

※1　「福島原発事故における不動産賠償」（『都市住宅学』八一号）より引用。

※2　分析結果は「『東電改革』と福島原子力発電所事故の責任——改革提言に至る議論とその後の検証」（大坂恵里・大島堅一・金森絵里・松久保肇・除本理史）として発表されている。注3、5、6はこれより引用。

※4　『原子力発電の会計学』（金森絵里、中央経済社、二〇二三年刊）より引用。

第二章

〝国に責任はない…〟最高裁判決は誰が書いたのか

避難者の願いを裏切る最高裁

「〔勝訴の〕旗出しなかった　言葉がなくなりました。

「原発だけでなく　こーゆー社会が繰り返され、弱きは潰され、少数派は排除され、子ども達に生きづらい世の中を引き継ぐことになってしまうのですかね。私は自分より、自分が望んで産んだ子どもに少しでもいい世の中を残してあげたかった　それだけなんですけどね」

こんなメールが届いたのは、二〇二二年六月一七日、東京電力福島第一原発事故国賠訴訟（以下、国賠訴訟）で、最高裁が「国に責任はない」と判決を言い渡した日だった。

送ってくれたのは、福島県いわき市から埼玉県に区域外避難をしているシングルマザーの河井加緒理さんだ（前述）。河井さんは今回の裁判の原告ではない。しかし、いてもたってもいられず、最高裁前に駆け付け、集まった関係者の一番前で「勝訴」の旗出しを待っていた。

裁判の直接の原告に限らず、全国に散らばる原発事故被害者にとって、この判決は、それほど期待のかかったものだった。

最高裁判決の問題点

全国で行なわれている原発事故被害国賠訴訟のうち『「生業を返せ、地域を返せ！」福島原発訴訟』(生業訴訟)、「福島原発被害群馬訴訟」(群馬訴訟)、「福島第一原発事故被害者集団訴訟」(千葉訴訟)、「福島原発事故損害賠償愛媛訴訟」(愛媛訴訟)の四訴訟が先行していた。

二〇二二年三月、いずれの訴訟も最高裁が東京電力の上告を不受理にしたことにより、東京電力の敗訴、損害賠償の支払いが確定した。

一方、国の責任と損害賠償については、四つの訴訟をまとめて、二〇二二年六月一七日、最高裁第二小法廷で、判決が言い渡されたのである。

> 仮に、経済産業大臣が、本件長期評価を前提に、……規制権限を行使して、津波による本件発電所の事故を防ぐための適切な措置を講ずることを東京電力に義務付け、東京電力がその義務を履行していたとしても、本件津波の到来に伴って大量の海水が本件敷地に浸入することは避けられなかった可能性が高く、その大量の海水が主要建屋の中に浸入し、本件非常用電源設備が浸水によりその機能を失うなどして本件各原子炉施設が電源喪失の事態に陥り、本件事故と同様の事故が発生するに至っていた可能性が相当にあるといわざるを得ない。……
>
> したがって、……被上告人らに対し、国家賠償法1条1項に基づく損害賠償責任を負

うということはできない。

端的に言えば、「想定を超える規模の津波が来たので、たとえ国が、事故前の予測に基づいて東京電力に対策を取らせていたとしても、事故の発生を防ぐことができなかった可能性が高い。だから国に責任はない」ということだ。

「全く事実に反しているわけです。めちゃくちゃな恥さらし判決なんですよ」

こう話すのは、海渡雄一弁護士だ。東京電力の株主たちが、事故当時の東電経営陣に対し、福島第一原発事故を防ぎえたのに対策を打たず、東京電力に損害を与えたとして賠償を求めた「東電株主代表訴訟」（以下、株代訴訟）で原告・株主側の代理人を務めている。国賠訴訟最高裁判決から約一カ月後、東京地裁は、株代訴訟で、東電の元経営者四人に対して、計一三兆円の損害賠償の支払いを命ずる判決を言い渡した。

その判決に先立って、株代訴訟に提出された原告・株主側の意見書は、国賠訴訟最高裁判決の問題点を端的に指摘している。

最高裁は、「法律審」とされ、高裁で認定された事実に基づき、憲法に反していないか、法律をどう解釈するのかなどについて審議する。つまり、最高裁は高裁で認定された事実に縛られ、独自の事実認定をすることができない（民事訴訟法三二一条一項）。

今回出された最高裁判決には、こう記されている。

「本件事件前の我が国における原子炉施設の津波対策は、防潮堤、防波堤等の構造物を設置することにより上記敷地への海水の侵入を防止することが対策の基本とされていた」

これに対し、株代訴訟の意見書は次のように述べている。

「各原判決〔各高裁判決〕では、上記のように防潮堤の設置を『対策の基本』とする事実認定はされていない。国の責任を認めた仙台高判、東京高判（千葉）及び高松高判はもとより、国の責任を否定した東京高判（前橋）でさえ、このような事実の認定はなくむしろ、水密化という、敷地の浸水を前提とする津波対策が十分にあり得たことを前提とする判示をしている」

つまり、各高裁判決は、津波対策として防潮堤・防波堤だけでなく、原発の施設に水が入らないようにする「水密化」という津波対策をとることが十分あり得たと事実認定しており、防潮堤・防波堤だけが津波対策の基本とした最高裁判決は、高裁での事実認定を否定し、独自に事実を認定したことになるというのだ。

さらに海渡弁護士は、指摘する。

「最高裁判決は、実質判断部分というのは四ページしかない。法令の解釈基準もなければ最大の焦点であった地震調査研究推進本部の『長期評価』に対する判断も欠落させています。どんな対策をたてても無駄だったという完全に評論家みたいなことを書いて終わりにしているわけですよね。しかも水密化などの津波対策を思いつくことすら不可能だったみたいなことを書いていて、全く事実に反しているわけですよ。現実に〔原発事故以前から〕日本でたくさんの水密化の開発が行なわれている。海外でも行なわれています」

今回、最高裁判決を受けた四訴訟をはじめ全国で行なわれている原発事故訴訟で、最大の争点となっているのが、二〇〇二年、政府機関である地震調査研究推進本部の出した「三陸沖から房総沖にかけて地震活動の長期評価について」（以下、長期評価）に対する判断だ。長期評価は、福島第一原発を含む福島県の沖合から房総沖にかけての地域でマグニチュード8以上の津波地震が三〇年以内に二〇％の確率で起こると予測した。

そして東京電力は二〇〇八年、この長期評価をもとに、最大一五・七メートルの津波が福島第一原発に押し寄せる可能性があると計算していた。原告・避難者側は長期評価に基づいて津波対策をしていれば、事故を防げた可能性が高いと主張している。一方、国と東電は、長期評価の信ぴょう性は低く、それをもとに対策を打たなかったことに問題はなかったと主張している。最高裁は、最大の焦点である長期評価の信ぴょう性について、判断を避けたのである。

最高裁判決に対し四訴訟の原告団と弁護団は共同でこんな声明を出した。


このような考え方が許されれば、運用に対するチェックはなされず、被害を防ぐことができなくても、責任は免れるという話になってしまいます。これではあれだけの被害を生み出した事故から何の教訓も得られません。……各地の裁判の営為に対する敬意をまったく払っておらず、なにより原告の求めたものに真正面から向き合うことをしない、まさに肩透かし判決で、司法に期待される役割を放棄したものというほかありません。

避難者の願いを理解できない最高裁

なぜ、こんな最高裁判決が出されるのか。

大塚正之弁護士は、大阪高等裁判所判事、東京高等裁判所判事など三〇年にわたって裁判官を務めた。全国の裁判所から高裁や最高裁判事候補の裁判官が集められ、実質的に日本の司法行政を取り仕切っている最高裁判所事務総局に勤務した経験もある。現在は裁判官を退官して、「津島原発訴訟」の原告・避難者側の代理人を務めている。大塚弁護士は、「国に責任はない」という判決を出した最高裁第二小法廷多数派判事の意図をこう指摘する。

「まず、国の責任を認めなくても、被害者の受ける損害賠償額については影響を与えないということです。原子力損害の賠償に関する法律（原賠法）は、原発で事故が起こり、被害が出た場合、電力会社は、過失の有無にかかわらず損害賠償しなければならない、いわゆる無過失責任が定められています。さらに賠償額が、電力会社の支払い能力を超えている場合、国が支援することが決められている。つまり、東電や国の過失責任を認めようが認めまいが、被害者に支払われる賠償額は変わりません。

その上で、『巨大な津浪であり、長期評価に従っていたとしても、防ぐことができなかった』ということになれば、国の責任だけではなく、東電の過失責任も否定できることになります。

東電は、原賠法で無過失責任が定められているので、それに従って、『謝罪』し、賠償義務を尽くしているだけだという理解が可能になります。被害者は損をしないし、国や東電には責任がないということで済む。誰も困らない判断を最高裁判事たちがしたのではないでしょうか。もし、この理屈が通れば、福島第一原発事故は、誰にも責任はないということがまかり通ることになってしまいます」

「金の問題じゃない。東電と国が責任を認め、謝罪してほしい」――裁判しているかいないかにかかわらず、ほとんどの原発事故被災者が口にする言葉だ。裁判でも原告たちは、このことを常に強く主張している。多数派の最高裁判事たちは、原発被災者のこの痛切な思いを全く理解していないことになる。

最高裁判決は誰が書いたのか？

大塚弁護士は多数派最高裁判事たちの意図を指摘した上で、今回の最高裁判決について、こんな疑問を投げかける。

「これはどうも調査官が書いているようには思えなくてですね……」

最高裁には、四〇人ほどの調査官がいる。彼らも、全国の裁判所から選ばれたエリート裁判官だ。

最高裁では、一五人の判事が刑事、民事、行政、家事、少年を問わずあらゆる事件を扱う。

上段左から岡村判事、三浦判事、菅野裁判長、草野判事（代表撮影／毎日新聞提供）

また、最高裁判事には、検事や弁護士、学者など、生え抜きの裁判官以外からも就任するため、これまで判決文を書いたことのない判事も少なくない。さらに、高裁での判決は、添付資料などを含めると膨大な量になる。そこで、判決文を幾度となく書いてきた裁判官である調査官が、民事、行政、刑事など専門分野ごとに高裁判決を整理して争点を明確にする。それに法的解釈を加えた「調査官意見書」を作成し、最高裁判事に提示する。おおかたの最高裁判事はそれをもとに判決の内容を決めるという。

しかし、今回の国賠訴訟の判決文は、この調査官意見書をもとにして書かれたようには見えない、と大塚弁護士は言う。

今回の判決を下した最高裁第二小法廷は、菅野博之裁判長をはじめ、三浦守、草野耕一、岡村和美の四人の判事で構成されていた。この四人のうち、菅野、草野、岡村の三人の判事は、今回出された判決を支持した。それに対し、検事出身の三浦守判事は、「国に責任がある」という内容の反対意見を出した。

三浦裁判官の意見は、原子力基本法、原子炉等規制法、電気事業法など原発の建設・運転に関する基本的な法律に定められた国の役割について次のように述べている。

原子炉施設の安全性が確保されないときは、当該原子炉施設の従業員やその周辺住民等の生命、身体に重大な危害を及ぼし、周辺の環境を放射能によって汚染するなど、深刻な災害を及ぼすおそれがあることを鑑み、その災害が万が一にも起こらないようにするため、原子炉の設置後の安全性確保については、原子炉設置者に委ねるのではなく、主務大臣である経済産業大臣において、科学的、専門技術的見地から、原子炉施設が適切に維持されるよう、適時に技術水準を定めるとともに、原子炉施設がこれに適合していないときには、できる限り速やかに、これに適合するように命ずることができることとしたものと解される。

つまり、原発は事故を起こすと従業員や周辺住民、周辺環境に重大な被害を及ぼす。だから、万が一にも事故が起きないように、安全確保は、電力会社任せにせず国が適切に行なう。もし国の基準に達していない場合は、すぐに直すよう命令することができる、ということだ。

その上で、津波を予測することができていたのか（予見可能性）、その予測を受け津波対策を打ち、被害を回避することができたのか（結果回避可能性）という論点について、網羅的に見解を展開し、国と東電は原発事故被害者に対し、連帯して損害を賠償する責任を負うべきと結論付けている。分量は、二〇ページ以上、判決文の二倍以上だ。

三浦意見に隠された痛烈な批判

海渡弁護士は、この三浦判事の反対意見を読んで、あることに気づいた。

「明らかに文体が全然違っているところがあるんですよね」

この三浦意見書は、あたかも二人のライターがいるように見える、というのだ。

三浦判事の反対意見は、全体的には、三浦判事の意見が述べられているというより、判決文のように、国に責任があることを冷静かつ論理的に立証する内容となっている。しかし、各項目の最後に、判決文にはあまり見られないような個人的な見解や思い、国の責任を認めない多数意見に対する強烈な批判が述べられているのである。

例えば、「三　本件技術基準の解釈等」の項目の、津波の想定について、まず、最新の科学的・専門的な知見に基づいて、極めてまれではあっても津波が発生する可能性があれば適切に評価すべきであると指摘した上で、次のように書いている。

生存を基礎とする人格権は、憲法が保障する最も重要な価値であり、これに対し重大な被害を広く及ぼし得る事業活動を行う者が、極めて高度の安全性を確保する義務を負うとともに、国がその義務の適切な履行を確保するため必要な規制を行うことは当然である。

この部分について海渡弁護士はこう指摘した。

「これはもう『樋口判決』なんですよね。〔福井地裁の〕裁判官の樋口さんが言ったことを最高裁も言うべきだということを調査官が決断できたかといえば、そうは思えないので、これは三浦さんが入れたんじゃないかな」

「樋口判決」とは、二〇一四年五月に福井地裁で、樋口英明裁判長が、関西電力大飯原発再稼働の危険性を認め、運転の差止を言い渡した判決のことだ。該当するのは以下の部分だ。

「ひとたび深刻な事故が起これば多くの人の生命、身体やその生活基盤に重大な被害を及ぼす事業に関わる組織には、その被害の大きさ程度に応じた安全性と高度な信頼性が求められて然るべきである。……個人の生命、身体、精神および生活に関する利益は、各人の人格に本質的なものであって、その総体が人格権であるということができる。人格権は憲法上の権利であり（一三条、二五条）、また人の生命を基礎とするものであるがゆえに、これを超える価値を他に見出すことはできない」

確かにその内容は、三浦裁判官の反対意見によく似ている。

樋口判決については二〇一八年七月、名古屋高裁金沢支部が覆し、運転差し止め請求を棄却し、この判決が確定した。最高裁の調査官が、高裁で覆され確定された地裁の判決を引用するとは考えられない。

「五　結果回避可能性等」の項目では、「本件発電所においては、三〇年以上にわたり……極めて危険な状態で原子炉の稼働を続けてきたことが明らかとなる。これはそれまでの安全性を根底から覆し、それが『神話』であったことを示すものといってもよい」と、東電と国が喧伝してきた原発の安全「神話」を痛烈に批判した。

さらに、三浦意見書は次のように述べる。

　「想定外」という言葉によって、全ての想定がなかったことになるものではない。……保安院及び東京電力が法令に従って真摯な検討を行っていれば、適切な対応をとることができ、それによって本件事故を回避できた可能性が高い。本件地震や本件津波の規模等にとらわれて、問題を見失ってはならない。

この最後の記述について、海渡弁護士は指摘する。

「多数意見に対するものすごく鋭い批判ですよね。多数意見に対する『頂門の一針』として書かれたものですよね」

この三浦判事の意見はどのように作られたのか。海渡弁護士の推測はこうだ。

「私の仮説となりますが、三浦意見の完成度、文体から推測すると、これはほとんどが調査官室の意見ではないかと。そして、調査官が書いた全体の構造を壊さないように、調査官意見を項目ごとに結論付けた上で、最後に『私』の意見を足しますという様子で書いている。一方、判決となった多数意見は、『国に責任がある』という結論をひっくり返すために不慣れな裁判官がやっつけ仕事で書いたとしか思えないのです」

裁判官を長く務めた大塚弁護士も、「推測」とした上で、語る。

「三浦意見が、かなり具体的事実に基づいて詳細に論じているのに対して、多数意見は、要するに大きい津波が来ちゃったんだからこれを防げなかったんだ、みたいに非常に大雑把に書いているんですよ。調査官がこんな大雑把な意見書を書くとは思えない。たぶん調査官室は、三浦裁判官の反対意見のような意見を書いて出したのではないかという疑問を持っています。それに対し、菅野裁判長と草野判事、岡村判事はその結論を受け入れられない。一方、多数意見に賛成できない三浦裁判官は調査官とも相談して、その意見を取り入れながら反対意見を書いたのではないでしょうか」

最高裁、国、東京電力を結ぶ巨大法律事務所人脈

最高裁判事とはどんな人たちがどう選ばれるのか?

では、最高裁判事とは、どんな人たちなのだろう。どうやって選ばれるのだろうか。最高裁判所のウェブサイトにはこう記されている。

「最高裁判所は、憲法によって設置された我が国における唯一かつ最高の裁判所で、長官及び14人の最高裁判所判事によって構成されています。最高裁判所長官は、内閣の指名に基づいて天皇によって任命されます。また、14人の最高裁判所判事は、内閣によって任命され、天皇の認証を受けます」

実際はどうなのか、長年裁判官を務めてきた大塚弁護士はこのように説明する。

「最高裁裁判官の任命は、内閣が、最高裁長官の意見を聞いたうえで、閣議決定する。最高裁長官からの意見の聞き取りが行なわれるのは、それまでの最高裁の運営の実情を踏まえた人事にするためです。裁判官、弁護士、学者などどんな分野の出身者をどう選ぶのか、候補者が最高裁判事に最適任と言えるかなどについて述べられることになっています。

しかし、そこには客観化できる基準はないため、いわゆる情実人事と呼ばれるものが介在する。いわば、最高裁長官との人的な関係に基づき決定される要素が大きく、最高裁長官の個人

的影響力は否定できない。その結果、何人かは良識のある人が含まれることはあるが、時の最高裁長官に手懐けられた人しか選ばれないということになります」

その上で、最高裁判所判事はどのような人なのか。憲法は、最高裁判事を含む裁判官について、「すべて裁判官は、その良心に従ひ独立してその職権を行ひ、この憲法及び法律にのみ拘束される」と定めている。

他からの干渉を受けることなく独立しているとされる裁判官。その頂点に立つ最高裁判事は、実際にはどうなのか。大塚弁護士はこう語る。

「最高裁判事は、憲法に拘束され、憲法に違反をする法令を排除する役割を担っています。法令は、国会及び内閣が作るものであり、国会、内閣としては、できれば、これが違憲判断を受けることは避けたい。そのため、最高裁判事に誰がなってもよいということはなく、国会、内閣の意向が大きく働くことになります。

少なくとも、最高裁判事の任命システムを見る限り、その時代の国会、内閣の意向に背く人間は排除されることになる。結果、日本の裁判官は、基本的には保守的にならざるを得ない。

そのため、最高裁判事が、仮に違憲だと判断されるものがあっても、それは政府、国会において改めるのが相当であり、最高裁はできるだけ違憲判断をしないという慣行が形作られています。最高裁の判決は、非常に『謙抑的』になるということです。

例えば、下級審が違憲だと判断した場合、最高裁は『合憲』という結果を出しながらも、国会、内閣によって違憲状態が解消されるように動く。最高裁が『違憲』と認めず『違憲状態』という玉虫色の判断を下したり、合憲判決を下す裁判官と反対意見を出す裁判官の数が拮抗していたりする場合にはそのような事情があります」

こんな傾向のある最高裁判事たちだが、彼らの人脈をたどっていくと、思いもよらぬ関係が浮かびかがってくる。

最高裁判事の意外な系譜

菅野博之裁判長は、一九八〇年に裁判官に任官されて以来、水戸地方裁判所所長、東京高等裁判所部総括判事、大阪高等裁判所長官などを歴任し、二〇一六年に最高裁判所判事に任命された。そして、原発事故国賠訴訟で国を免罪する判決を出した翌月の二〇二二年七月、四二年間にわたる裁判官人生に終止符を打った。

その直後の八月三日、菅野氏は、東京丸の内の超高層ビルに事務所を構える「長島・大野・常松法律事務所」の顧問に就いた。

先述したが、日本には五大法律事務所と呼ばれる巨大法律事務所がある。長島・大野・常松法律事務所はその一つで、五七二人の弁護士が所属している（二〇二三年二月一日現在）。

この長島・大野・常松法律事務所に所属する藤縄憲一弁護士、梅野晴一郎弁護士、荒井紀充弁護士、柳沢宏輝弁護士は、先述の株主代表訴訟で、補助参加人である東京電力の代理人を務めている。株代訴訟は、元経営者が東京電力に損害を与えたとして、東京電力に損害賠償することを求める裁判だ。元経営者と東京電力は、本来なら相反する立場になる。ところが東京電力は、「補助参加人」として、元経営者側についた。この複雑なねじれ現象の中、長島・大野・常松法律事務所の弁護士たちは、東京電力の代理人を務めている。訴訟は、原告、被告とも控訴し、継続中だ。

長島・大野・常松法律事務所のホームページには、菅野氏が顧問になるにあたって、こう記されている。

当事務所は、菅野弁護士の入所を機に、紛争解決業務の一層の強化をはかり、依頼者の皆様により良いリーガルサービスを提供できるよう努めてまいる所存です。

福島原発事故において「国に責任はない」という最高裁判決を言い渡した元裁判長は、所属事務所の依頼人である東京電力に対し、どのような「より良いリーガルサービスを提供」するのだろうか。

菅野裁判長が退職直後に長島・大野・常松法律事務所に所属したことに対し、大飯原発差止判決を言い渡した元裁判官の樋口英明氏は、ある講演会で次のように苦言を呈した。

「最高裁は下級審の裁判官に『公平らしくあれ』とよく言うのですが、その意味は、『裁判官

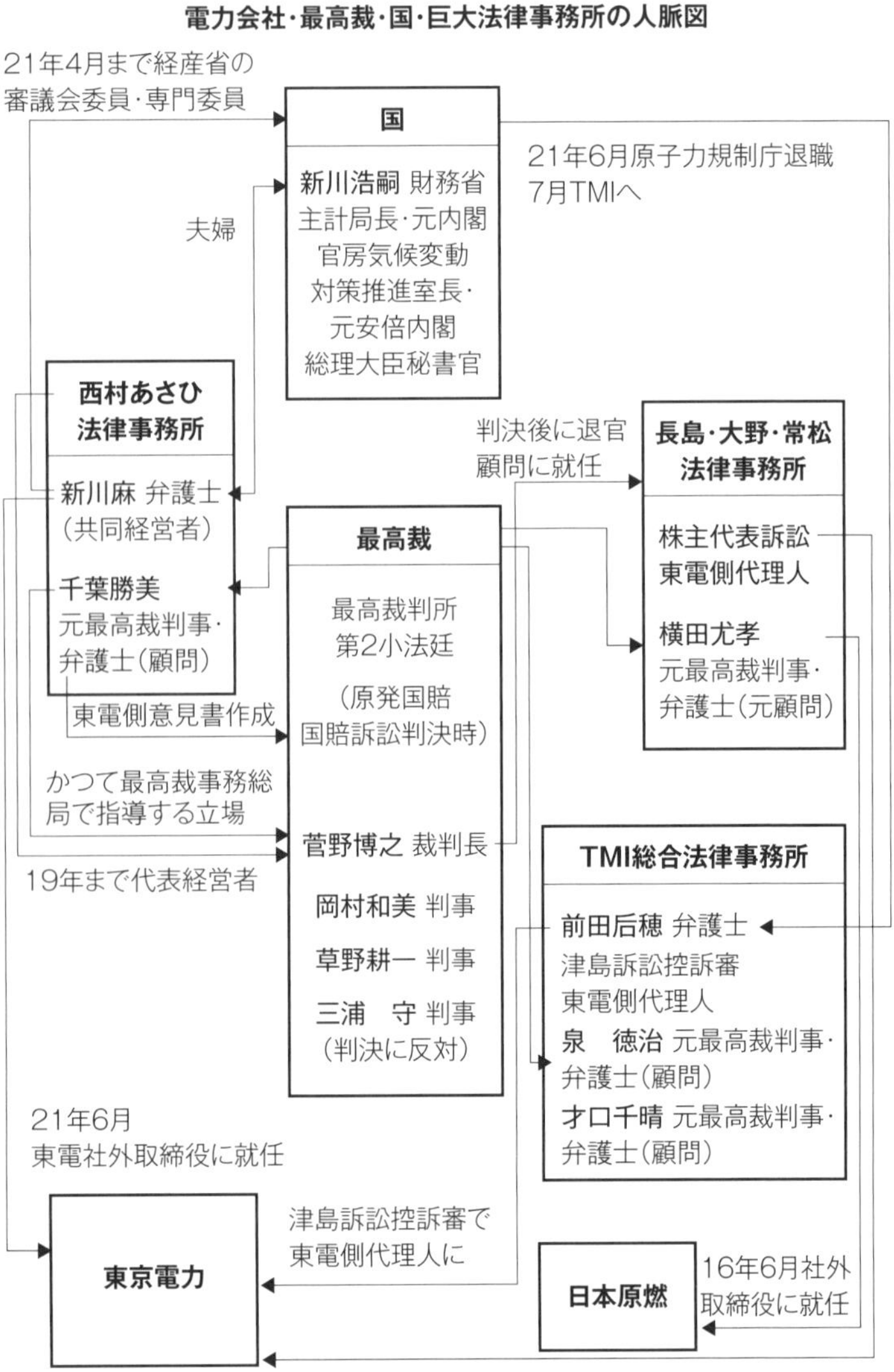
電力会社・最高裁・国・巨大法律事務所の人脈図
21年4月まで経産省の
審議会委員・専門委員
国
新川浩嗣 財務省
主計局長・元内閣
官房気候変動
対策推進室長・
元安倍内閣
総理大臣秘書官
21年6月原子力規制庁退職
7月TMIへ
夫婦
西村あさひ
法律事務所
新川麻 弁護士
（共同経営者）
千葉勝美
元最高裁判事・
弁護士（顧問）
東電側意見書作成
判決後に退官
顧問に就任
長島・大野・常松
法律事務所
株主代表訴訟
東電側代理人
横田尤孝
元最高裁判事・
弁護士（元顧問）
最高裁
最高裁判所
第2小法廷
（原発国賠
国賠訴訟判決時）
かつて最高裁事務総
局で指導する立場
菅野博之 裁判長
19年まで代表経営者
岡村和美 判事
草野耕一 判事
三浦　守 判事
（判決に反対）
TMI総合法律事務所
前田后穂 弁護士
津島訴訟控訴審
東電側代理人
泉　徳治 元最高裁判事・
弁護士（顧問）
才口千晴 元最高裁判事・
弁護士（顧問）
21年6月
東電社外取締役に就任
東京電力
津島訴訟控訴審で
東電側代理人に
日本原燃
16年6月社外
取締役に就任

は公平であるのは当然であり、その公平性が外からも見えるように注意を払いなさい』ということだと思います。しかし、最高裁を含め四二年間も裁判所にいた人物が、退官直後に、最も公平らしさを損なう行動をとっているのです。もともと『公平らしさなんかどうでもよいことだ』と思っていたのでしょうか。それとも、すでに公平でない裁判をしてしまったことから『公平らしさなんかどうでもよいことだ』と思うようになったのでしょうか。それとも、『国と東京電力は別人格だから公平性を害していない』という言い訳が通用するとでも思ったのでしょうか[※1]」

「国に責任はない」とした多数意見に賛成した岡村和美判事の経歴も見ておこう。一九八三年、弁護士登録してすぐ長島・大野法律事務所（長島・大野・常松法律事務所の前身）に所属している。その後、一九九〇年から米系投資銀行モルガン・スタンレー・ジャパンに勤務。二〇〇〇年、検事任官。法務省、金融庁、最高検察庁を経て二〇一四年に法務省人権擁護局長。二〇一六年から消費者庁長官を務めた後、二〇一九年、最高裁判事に任命された。

多数意見を支持したもう一人、草野耕一判事は、最高裁判事になるまで、弁護士畑を歩んできた。一九七七年、東京大学在学中に司法試験に合格。一九八〇年、西村眞田法律事務所に弁護士として所属した。一九八六年には、ハーバード大学で修士号を取得。二〇〇四年に西村ときわ法律事務所（当時）の代表パートナーとなった。

パートナーとは、法律事務所を共同経営する弁護士のことだ。代表パートナーは、法律事務所の代表経営者ということになる。その後、西村ときわ法律事務所は現在の西村あさひ法律事務所となる。同法律事務所も五大法律事務所の一つで、日本最大の法律事務所だ。草野氏は、二〇一九年に最高裁判事になるまで、日本最大の法律事務所の代表経営者を一五年にわたって務めていたことになる。

元最高裁判事の意見書

国賠訴訟の一つ、生業訴訟は、第一陣約三六五〇人の原告を抱える最大の原発事故訴訟だ。二〇二〇年九月に出された仙台高裁判決は、東京電力、国双方の原発事故に対する責任を認め、両者が連帯して、被害を受けた住民に総額一〇億一〇〇〇万円の損害賠償の支払いを命じた。

これに対して、原告・被害者、被告・東電と国の両者とも上告した。

二〇二〇年一二月、東京電力は上告にあたって最高裁判所に対し上告受理申立て理由書を提出した。理由書には、「東京電力福島第一原子力発電所事故損害賠償請求訴訟に関する意見書」という書面が添付されていた。内容は、要約すると以下のようなものだった。

① 中間指針（国の定めた賠償指針）を基に東京電力が自主的に決めた賠償額を超える賠償は、個別の事情がない限り、払う必要はない。

② 地震による大津波襲来の確率は、多面性、多様性、不確実性、科学的専門性を有す

るものだから、長期評価には多面的な評価が成り立ち得る。よって、これを信用せず、津波に対する対策を打たなかったから事故を防げなかったという見方には疑問が持たれる。

③ 自主避難者への賠償は、因果関係があるかないかを厳密に追及して定められたものではなく、被害者保護の意味合いを含めて示されたものと理解される。東京電力が支払ってきた賠償は法的な相当因果関係の程度を超えたものであることは明らかだ。よってこれまで中間指針に基づいて払ってきた以上の賠償を払う必要はない。

この意見書を書いたのは、元最高裁判所判事・弁護士の千葉勝美と記されている。千葉氏の意見書は、避難者訴訟や千葉訴訟など他の原発事故訴訟でも提出されている。

これまで最高裁判事の経験者が個別の事案について意見を出すことはタブーとされてきた。この意見書は、その禁忌を破って提出されたことになる。

千葉氏は、二〇一六年に最高裁判事を退官した後、先述の草野最高裁判事が代表経営者を務めていた、西村あさひ法律事務所のオブカウンセル（顧問）に就いている。現役の最高裁判事が判事就任前に長年にわたって経営していた法律事務所で顧問をつとめる元最高裁判事が、その現役の判事の担当する裁判に対し、被告・東京電力側に立って意見書を出した、ということになる。

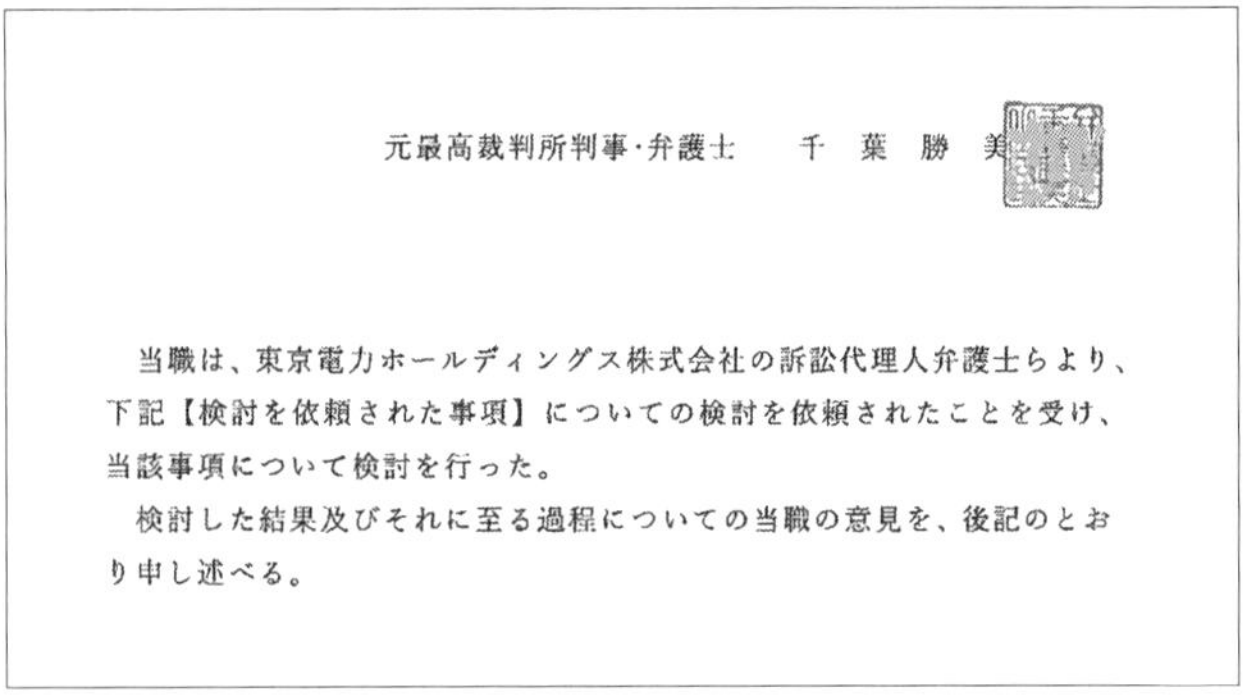
元最高裁判所判事・弁護士　千　葉　勝　美

当職は、東京電力ホールディングス株式会社の訴訟代理人弁護士らより、下記【検討を依頼された事項】についての検討を依頼されたことを受け、当該事項について検討を行った。

検討した結果及びそれに至る過程についての当職の意見を、後記のとおり申し述べる。

千葉意見書

さらに千葉氏が、一九八三〜四年、最高裁判所事務総局行政局参事官を務めていたころ、菅野氏は同局付で働いていた。すなわち、千葉氏は菅野氏を指導する立場だった。日本の裁判所組織は「事務総局中心体制であり、それに基づく、上命下服、上意下達のピラミッド型ヒエラルキー」（元最高裁事務総局勤務・瀬木比呂志氏）と言われている。

これまで、最高裁に持ち込まれた四つの訴訟をはじめ各地の原発事故訴訟で、原発事故被害者に対する東京電力の損害賠償は認められてきた。国の責任については、四つの訴訟のうち、三つの裁判で認められている。国側から見れば、一勝三敗ということになる。

千葉意見書が提出された避難者訴訟弁護団で幹事長をつとめる米倉勉弁護士は千葉意見書についてこう評価する。

「千葉勝美という方の意見書は、なぜ意見書たりうるのか。千葉氏は原子力発電や原発の事故に関する研究の蓄積を持っていない一介の弁護士にすぎないのです。要するに『元最高裁判事だ』というだけの意味の意見書ではないのか」

米倉弁護士が注目するのは、千葉意見書の最後の部分だ。

「追加の慰謝料を容認された場合には、追加の損害賠償請求訴訟が大量に起こされ、そこで再び中間指針等や自主賠償基準による賠償額の適否が白紙から争われることになりかねない」

これは何を意味するのか。米倉弁護士は指摘する。

『中間指針を上回る賠償を命じる判決を認めたりしたら、これまでの賠償で納得していた被災者も次々と裁判を起こし、日本中の裁判所がパンクして、司法が機能不全に陥ってしまう』と言って、現職最高裁判事を脅しているわけです。言ってみれば先輩裁判官という属性を利用して、現職の最高裁判事に対して影響力を発揮しようということではないでしょうか」

結果として、最高裁は、東京電力の上告を不受理とし、東京電力に対して中間指針を超える損害賠償の支払いを命じた高裁判決が確定した。

一方、最高裁は、国の責任については、これまで見てきたとおり、認めなかった。最高裁判所事務総局に勤務した経験のある大塚弁護士はこの結果についてこう述べる。

「千葉勝美が意見書を出してきたときに私の頭にぱっと浮かんだのが菅野博之なんです。要するに菅野は最高裁事務総局行政局で千葉勝美の指導を受ける立場にあった。彼はそこで育っていったということです。その千葉勝美が第二小法廷に意見書を出してきたんで、これはもう結びついてるなというふうに感じたんです。だから最高裁で国は勝つ、国を勝たせる判決が出るかもしれないというのが私の頭にずっとあって、予想通りそうなったんですよね」

千葉氏の意見書提出が今回の最高裁判決に、かつての人脈を利用する形で影響を与えようとした可能性はないのか、また、そのような疑念を持たれるとは思わなかったのか、千葉氏に対し取材依頼を出した。回答ははがきで届いた。

「東京電力原発訴訟にて上告訴訟代理人から最高裁に提出された私の意見書はすべて法律論であり、その内容に関しては意見書を見ていただくほかありません。したがって、貴殿からの取材はお受け兼ねますのでご了承ください」という内容だった。

最高裁判事が経営していた事務所の弁護士が東電社外取締役に

西村あさひ法律事務所と東京電力とのつながりはこれだけでない。

新川麻弁護士は、二〇〇一年から西村あさひ法律事務所のパートナー（共同経営者）を務めている。事務所のウェブサイトによれば、新川弁護士は、経済産業省の「電力・ガス取引監視等委員会制度設計専門会」「総合資源エネルギー調査会再生可能エネルギー大量導入・次世代電力ネットワーク小委員会」、「次世代技術を活用した新たな電力プラットフォームの在り方研究会」など、エネルギーにかかわる八つの審議会の委員や専門委員を務めてきた。

そして同氏は二〇二一年、東京電力の社外取締役に就任した。

東京電力は、「社外取締役は、それぞれの専門分野における幅広い経験と見識等を活かし、取締役会等を通じて、重要な経営戦略の策定と業務執行の監督を行い、当社経営の客観性・透明性をより一層向上させる」としている。社外取締役は、東電の重要な経営戦略に大きな役割を担っているということだ。

原発事故訴訟を担当する草野最高裁判事が経営していた法律事務所に二〇年以上在籍し、共同経営者まで務めてきた弁護士が、被告である国のエネルギーに関する審議会の常連委員で、もう一方の被告である東京電力の社外取締役でもあり、その経営に深くかかわっていることになる。

さらに、新川麻弁護士の夫、新川浩嗣氏は、現在、財務省主計局長を務める官僚だ。二〇一八年には安倍総理大臣の秘書官に就いた。その後、菅内閣では、二〇二一年三月から一〇月にかけて内閣官房気候変動対策推進室長として、気候変動対策推進のための有識者会議の事務局を務めている。

気候変動対策推進のための有識者会議は、「気候変動対策を分野横断的に議論し、経済と環境の好循環の観点からグリーン社会の実現に向けた方針の検討を行うため」に設置された会議だ。メンバーには、中西宏明・経団連会長（以下、肩書はすべて当時）、國部毅・三井住友ファイナンシャルグループ会長、吉田憲一郎・ソニーグループ社長らが名を連ねる。第一回会議には、菅首相、麻生副総理・財務大臣、梶山弘志・経済産業大臣らが出席した。議事要旨によれば、冒頭、新川浩嗣氏が、この会議の趣旨と進め方について説明した。

「資料4の1ページでは、二〇五〇年カーボンニュートラル実現に向けた政府部内での主な検討体制の全体像を示している。……これらを踏まえつつ、幅広い観点から忌憚のない意見をいただきたいと考えている」。新川浩嗣氏が提出した資料には、「エネルギー政策（温室効果ガス排出の大宗を占めるエネルギー部門の取組）」として「脱炭素火力や原子力の持続的な利用システムの検討」と記されている。後に、原発稼働への前のめりの姿勢など多くの問題を指摘されながら成立したＧＸ関連法（「脱炭素成長型経済構造への円滑な移行の推進に関する法律」など。「ＧＸ」はグリーン・トランスフォーメーションの略）を先取りする内容だと言えよう。

今回、草野最高裁判事に対し、以下の点を尋ねる取材依頼を出した。

① 草野氏が経営していた西村あさひ法律事務所のオブカウンセルで元最高裁判事の千葉勝美氏が、東京電力の依頼で意見書を最高裁へ出したことに対する見解

② 自らが経営していた法律事務所の弁護士が東京電力の社外取締役を務めていることに対する見解

回答は、最高裁事務総局広報課から電話であった。「個別の事件に関する内容ですので取材には応じられず、インタビューにも応じられません」という内容だった。

原子力規制庁の元職員が東電の代理人に

裁判官出身の大塚弁護士（前述）は、今、「ふるさとを返せ　津島原発訴訟」の原告・避難者側の代理人を務めている。福島県浪江町の津島地区は、原発事故直後、放射性物質のプルームが通過し、全域が汚染され、全住民が避難を強いられた。二〇二三年三月三一日、津島全体の一・六％のみ避難解除がなされたが、それ以外は避難解除の目途はたっていない。もともと住民同士の結びつきが強かった津島の住民たちは、何よりも早く住み慣れた地域に戻れるよう、津島地区全域を除染することを求め、東京電力と国を相手に提訴した。

一審では、地域全体の除染は認められなかったが、事故に対する東京電力と国の責任を認め、損害賠償の支払いを命じた。これに対し、原告・住民、被告・東京電力と国の双方が控訴した。東京電力の控訴の書面を見て、大塚弁護士は驚いた。一審で国側の指定代理人を務めていた前田后穂弁護士が、控訴審では東京電力側の代理人になっていたのだ。

前田弁護士が所属するＴＭＩ総合法律事務所のウェブサイトによれば、前田弁護士は、二〇〇八年に弁護士登録した後、二〇一七年に原子力規制庁に入庁している。原子力規制庁に勤務している間、津島訴訟のほか、函館市が国に対し大間原発建設の差し止めを求めた訴訟など、原発関連訴訟で国の指定代理人を務めた。

そもそも、福島第一原発事故での国の責任を問う裁判で、原子力規制庁の職員が国側の代理人を務めていることに疑問がわく。

福島第一原発事故の翌年、国会が設置した事故調査委員会（国会事故調）は、原発事故前まで原子力発電所の建設、運転などを規制してきた国の機関である原子力安全委員会、原子力安全保安院に対して、厳しい総括をした。

規制当局は原子力の安全に対する監視・監督機能を果たせなかった。専門性の欠如等の理由から規制当局が事業者の虜《とりこ》となり、規制の先送りや事業者の自主対応を許すことで、事業者の利益を図り、同時に自らは直接的責任を回避してきた。規制当局の、推進官庁、事業者からの独立性は形骸化しており、その能力においても専門性においても、また安全への徹底的なこだわりという点においても、国民の安全を守るには程遠いレベルだった。

この反省に基づき、保安院を解体し、政府から独立性の高い行政委員会として、原子力規制委員会が発足した。原子力規制庁は、その事務局機能を担っている機関だ。

原子力規制委員会が新基準に基づいて再稼働が認めた原発に関しての差し止め訴訟などであれば、原子力規制庁が国側の弁護をすることはありうるだろう。しかし、電力会社に取り込まれて「規制の虜」となり、チェック機関の役目をはたせなかった結果、福島第一原発事故は発生したのである。この事故に関して、原子力規制庁が「国に責任はない、損害賠償を支払う必要はない」と主張してよいのだろうか。原子力規制庁は、福島第一原発事故前の国の原発規制の在り方を擁護してよいのか。

もう一つの疑問は、原子力規制庁と東京電力、そして法律事務所の関係だ。原子力規制庁は、原子力発電所の審査や検査などを行なっている。東京電力を監視する立場の国の機関だ。前田氏は、原子力規制庁を二〇二一年六月に退庁した。津島訴訟の一審判決が出る一カ月前だ。そして、翌月、一審判決が出された七月からTMI総合法律事務所に所属した。

TMI総合法律事務所は、一九九〇年、西村あさひ法律事務所の知財部門の弁護士たちが独立し設立した。それから急速に所属弁護士の数を増やし、五五六人の弁護士を抱え（二〇二三年一月五日現在）、五大法律事務所の一つに数えられるようになった。

津島訴訟の一審で実質的に敗訴した東京電力は、控訴審で代理人を大幅に入れ替え、TMI総合法律事務所の弁護士が主たる代理人を務めることになった。

東京電力の控訴理由書の筆頭に記された代理人は、岩倉正和弁護士だ。埼玉訴訟で原告たちを攻撃した森倫洋弁護士とともに日弁連から懲戒処分を受けた弁護士だ（本書二七頁参照）。岩倉弁護士は、二〇一七年、西村あさひ法律事務所からTMI総合法律事務所に移籍した。同事務所のウェブサイトによれば、「『国内最大手の西村あさひ法律事務所』の『エース弁護士』が『三〇年在籍した事務所を離れる』」という事態だったという。

前田后穂弁護士は、この控訴理由書の五番目に名前が記されている。「監視する」側の原子力規制庁の職員が、退職したとたん、「監視される」側の東京電力の代理人になったことになる。これに問題はないのか。

弁護士職務基本規程の二三条は「弁護士は、正当な理由なく、依頼者について職務上知り得た秘密を他に漏らし、又は利用してはならない」と定めている。前田氏は、これにならえば、原子力規制庁勤務時代に知りえた情報を東京電力のために利用してはならないことになる。

一方、二一条では「弁護士は、良心に従い、依頼者の権利及び正当な利益を実現するように努める」とされている。これに従えば、前田氏は、東京電力の利益のために自らが持ち得る知識、知見を提供せざるを得ない。前田氏の一連の行動は、この二つの規定に矛盾することにならないのだろうか。

二〇二三年一月一九日、仙台高裁で津島訴訟控訴審第二回目の口頭弁論が行なわれた。裁判終了後、法廷から出てくる前田弁護士に直接取材を試みた。

後藤「原子力規制庁にずっと勤めていらっしゃいましたよね。それで東電側の弁護士になるというのは、問題あると思いませんか？」

前田「………」

話し始めたのは、傍にいた岩倉弁護士だった。

岩倉「ご回答しますので。帰ってご回答しますので」
後藤「書面でいただけるということですか？」
岩倉「その予定です。……今急いでます。すみません……」

前田弁護士は、岩倉弁護士ら男性弁護士に囲まれるように去っていった。後日、ＴＭＩ総合法律事務所から文書で回答があった。

「同弁護士〔前田弁護士〕は、東京電力の訴訟代理人への就任について、原子力規制庁及び東京電力の双方から承諾を得ているとのことです。したがいまして、貴殿からご指摘いただいた問題は生じないと考えられますので、ご理解のほどよろしくお願いいたします」

原子力規制庁、東京電力双方が承諾した上での、前田氏の東電側代理人の就任。だがこれはむしろ、原子力規制庁と東京電力の結びつきの深さを示していることにならないだろうか。

東電会長につながる産業再生機構人脈

前田氏の経歴をたどっていくと、もう一つ、大きなつながりが見えてくる。

前田氏は、原子力規制庁に入局する前の二〇〇九年から一七年まで、フロンティア・マネジメントという会社に在籍している。フロンティア・マネジメントとは、どんな会社なのか。

その発端は、二〇〇〇年代初めまでさかのぼる。バブル経済崩壊から間もない二〇〇三年、大企業が次々と経営不振に陥る中、政府はこうした企業を再生させるため、産業再生機構を設立した。この産業再生機構のメンバーの一人となったのが大西正一郎弁護士だった。二年後、大西弁護士は、マネージングディレクターに就任する。マネージングディレクターは、海外の投資会社などでは「常務」にあたる地位だ。大西氏はそこで、三井鉱山、カネボウ、ダイエーなどの大規模な事業再生に携わった。

下河辺和彦弁護士は、二〇〇三年、産業再生機構の顧問に就任し、二年後には、取締役となった。大西弁護士と下河辺弁護士は、産業再生機構の中枢で、数々の企業再生に取り組んだ仲ということになる。

二〇〇七年、産業再生機構はその役割を終えたとして解散した。大西弁護士は、同じ年、産業再生機構で一緒だった仲間とともに企業再生、経営コンサルタント、M＆Aなどを業務とする会社を立ち上げた。それが「フロンティア・マネジメント」だ。その監査役には、下河辺弁護士が就いた。

下河辺弁護士は、その後、二〇〇七年四月には、東京弁護士会会長、日本弁護士連合会副会長に就任。同年七月には、民営化された日本郵政株式会社の取締役となった。

二〇一一年三月、東京電力福島第一原発の事故が起こる。五月、政府は、「東京電力に関する経営・財務調査委員会」を設置する。東京電力の経営状況や資産を洗いざらい明らかにして、どう処理していくか調査する委員会だ。下河辺弁護士は、その委員長に就任した。政府は、委

	大西正太郎弁護士	下河辺和彦弁護士	前田后穂弁護士
2003	産業再生機構　入社	産業再生機構　顧問就任	
2005	産業再生機構　マネージングディレクター就任	取締役　産業再生委員	
2007	産業再生機構　解散 フロンティア・マネジメント設立　代表取締役・共同社長執行役員	フロンティア・マネジメント　監査役 東京弁護士会会長・日弁連副会長　日本郵政取締役	
2009			フロンティア・マネジメント株式会社入社（～2017）
2011 5月	東京電力に関する経営・財務調査タスクフォース事務局次長	東京電力に関する経営・財務調査委員会委員長	
10月	原子力損害賠償支援機構　子会社及び関連会社売却に関する委員会委員長	原子力損害賠償支援機構運営委員会　委員長	
2012 6月		東京電力　取締役会長（～2014・3）	
7月		原子力損害賠償支援機構東電の株式50.1％取得＝国有化	
2017			原子力規制庁入庁（～21）
2020	東京電力社外取締役（現任） 東京電力原子力改革監視委員会委員		
2021			TMI総合法律事務所入所 津島訴訟東電代理人

員会のもとに事務局機能を果たす「東京電力に関する経営・財務調査タスクフォース」を設置した。その事務局次長に就いたのが大西弁護士だった。二人は、厳正な資産評価と経費の見直しのため、東京電力の経営・財務を徹底的に調査した。その結果出された報告は、東京電力再生の基本方針である「総合特別事業計画」の下地となるものだった。

二〇一一年九月、政府は原子力賠償法に基づき経済産業省の下に原賠支援機構を設立した。莫大な額に膨れ上がる賠償を支払うことが不可能となった東京電力に対し、国費で支援するための組織だ。同時に原賠支援機構は、東電とともに「総合特別事業計画」を立てて国に示し、東電をどう立て直していくのか、事業再生の方向性を示さなければならない。

下河辺弁護士は、原賠支援機構が設立されると同時にその運営委員会委員長となった。大西弁護士は、原賠支援機構の「子会社及び関連会社売却に関する委員会」委員長を務めた。二人は東電再生計画を作る作業の渦中にいたことになる。

翌二〇一二年五月、原賠支援機構と東京電力は「総合特別事業計画」を発表。七月、原賠支援機構は、東京電力の株式の過半数を取得し、東京電力は、実質国有化された。国有化にともない、会長は社外から採用されることが決められた。経済界から人材を募ったが、火中の栗を拾う人物は現れなかった。

国有化直前の六月、会長に就くことに決まったのは、下河辺弁護士だった。日本経済新聞の報道によれば、この時、下河辺弁護士は、大西弁護士に取締役を引き受けてくれるよう要請したが、大西弁護士は固辞したという。下河辺弁護士は、二〇一四年三月での約二年間、東京電力の取締役会長を務めた。

大西弁護士が、東電の経営上に再び登場するのは二〇二〇年のことだ。大西弁護士は、この年、東京電力の社外取締役に就任している。同時に東京電力原子力監視委員会の委員にも就任した。

大西弁護士と下河辺弁護士は、原発事故以来、東京電力の経営再生の中枢にいたと言っても過言ではないだろう。前田后穂弁護士は、こうした流れの中で、フロンティア・マネジメント、原子力規制庁、東京電力の代理人と移動してきたのだ。

枚挙にいとまない国、最高裁、東電、原発企業の結びつき

最高裁判所、原発関連企業、国の結びつきは、これまで述べてきたことにとどまらない。

(1) もんじゅ住民勝利判決を覆した二人の最高裁判事

高速増殖原型炉もんじゅ（福井県敦賀市）は、一九八三年に設置許可が出され、一九九四年に初臨界し翌九五年、運転を開始した。水を冷却剤として使う他の原発と違い、発火しやすいナトリウムを使用するため、危険性が指摘されていた。

一九八五年、住民がこの危険性を指摘し、国に対しては原子炉設置許可処分の無効を、建

設・運転する動燃事業団（動燃）に対しては原子炉の建設、運転差止を求める訴訟を起こした。まず争点になったのは、もんじゅの建設を止めるかどうかではなく、住民が国に対し、設置許可処分の無効を求めることができるかという「原告適格」の有無だった。国が設置許可を与えるのは電力会社に対してであって、住民ではない。だから住民には訴える資格はないというのが、国の主張だった。最高裁が、原告全員に「原告適格」を認め、もんじゅの設置・運転に関する審議に入るまでに七年かかった。

地裁で実質審議が始まった後の一九九五年八月、もんじゅは運転を開始した。しかしその直後の一二月、危惧されていたナトリウム漏れの事故が起こった。

二〇〇〇年三月、福井地方裁判所は、国の原子炉設置許可処分に違法な点はないとして、原告の請求を棄却する。しかし、二〇〇三年一月、名古屋高等裁判所金沢支部は、一転、原子炉設置許可処分に違法な点があるとして、もんじゅの設置許可処分が無効であるという住民側逆転勝訴の判決を出した。原発差止訴訟では、日本初の住民側の勝訴だ。

こうした長期間にわたる複雑な過程を経て、二〇〇五年、最高裁第一小法廷が判決を言い渡した。その結果は、「本件原子炉設置許可処分に違法な点はない」とする住民の再逆転敗訴だった。ナトリウム漏れ事故後、国と東電は、安全対策が不十分なことを認め、追加工事を行ない、設置許可の変更申請を出していた。それにもかかわらず、最高裁は、変更以前の設置許可に問題はないと断言したのである。この裁判でも、福島第一原発事故の責任がないとした最高裁と同様、高裁の認定していない事実を書き加える一方、高裁の認定事実を否定した。

この判決を言い渡した最高裁第一法廷の泉徳治裁判長は、二〇〇九年一月に退官。二カ月後の三月にTMI総合法律事務所の顧問弁護士に就任している。

泉裁判長とともにこの裁判を担当した才口千晴最高裁判事は、二〇〇八年九月に退官。原発事故が起こった二〇一一年三月に同じくTMI総合法律事務所の顧問弁護士に就任している。

(2) 女川原発訴訟で住民敗訴判決を言い渡した地裁判事

一九八一年、女川原発（宮城県女川町）の周辺住民たちが、一号機の運転差止と二号機の建設差止を求め、東北電力を相手に民事訴訟を起こした。争点は津波被害だった。

一九九四年、仙台地方裁判所は、原発の危険性の立証責任は原告・住民側にあるとした上で、「本件原子炉施設の建設段階及び運転段階における安全対策を見ても欠ける点は具体的に認められない」として、住民側敗訴の判決を言い渡した。

この判決を下した塚原朋一裁判長は、その後、知的財産高等裁判所長まで務めた後、二〇一〇年八月に退官。翌九月にTMI総合法律事務所の顧問に就任した。

TMI総合法律事務所は、それ以外にも、元大阪高検検事長、元広島高裁長官、元最高裁上席調査官、元東京高裁長官、元知財高裁所長、元検事総長、元財務事務次官など、裁判官や官僚のOBが多く所属している。

事務所のウェブサイトには「ＴＭＩのつよみ」として、「私達には、ＴＭＩは全員で一つの法律事務所を構成しているという意識、そして、『所員がつながる力』を重視する伝統、すなわち、様々な専門性、経験を有する所員同士が支え合おうとすること、またそれを奨励する伝統があります」と記されている。

(3) 志賀原発建設差止訴訟で住民勝訴を覆した控訴審判決を確定させた最高裁判事

一九九九年四月、通産省（当時）が北陸電力志賀原子力発電所（石川県志賀町）二号機の増設許可を出したのに対し、同年八月に石川県、富山県、熊本県らの住民が、建設差止を求め訴訟を起こした。争点は、国が許可した原発の耐震設計が適当なものであったかどうかだった。

二号機は、二〇〇五年四月に試運転、二〇〇六年三月一五日に運転を開始した。その九日後の三月二四日、金沢地裁の井戸謙一裁判長は、原発の危険性の有無の立証責任は、被告・北陸電力にあるとしたうえで、「本件原子炉敷地周辺で、歴史時代に記録されている大地震が少ないからといって、将来の大地震の発生の可能性を過少評価することはできない」とし、直下型地震が起きた場合のマグニチュードの想定が小さすぎるという理由で、動き始めたばかりの原発の運転を差し止める判決を言い渡した。

井戸裁判長は、二〇一一年、裁判官を依願退職し、弁護士となった。現在は、福島第一原発事故当時福島に暮らしていた六歳から一六歳だった男女六人が、福島第一原発事故にともなう放射線被ばくにより甲状腺がんを発症したとして、東京電力に損害賠償を求める「311子ども甲状腺がん裁判」で、原告・被害者側の弁護士を務めている。

二〇〇九年、名古屋高裁金沢支部は、志賀原発二号機運転差止を認めない住民敗訴の逆転判決を言い渡した。判決は、能登半島地震、新潟中越沖地震（ともに二〇〇七年）で原発事故が起きなかったことを述べた上で、北陸電力が、志賀二号機が危なくないことを相当程度の根拠を示したのに対して、住民側はそれを揺るがすほどの反論ができていないため、「本件原子炉に被控訴人（住民）らの生命、身体、健康を侵害する具体的な危険性は認められない」としている。

福島第一原発事故の約五カ月前の二〇一〇年一〇月、最高裁第一小法廷は、住民側の上告を棄却し、運転差止を認めない高裁判決が確定した。

棄却をした最高裁第一小法廷の横田尤孝《ともゆき》判事は、二〇一四年に退官し、二〇一五年三月に長島・大野・常松法律事務所の顧問に就任した。その後、二〇一六年六月、日本原燃の取締役に就任している。

日本原燃は、青森県六ケ所村で原子燃料サイクル施設を運営する会社だ。六ケ所村には、ウラン濃縮工場、低レベル放射性廃棄物埋設センター（最終処分場）、使用済核燃料再処理工場、高レベル放射性廃棄物貯蔵管理センターなどが集中的に立地している。さらに今後、ＭＯＸ燃料加工工場、使用済み燃料貯蔵施設なども立地される予定だ。このうち、政府がめざす核燃料再処理の中核ともいえる使用済燃料再処理工場は、一九九三年に建設工事が始まって以来、完成は幾度となく延期され、未だに運転開始に至っていない。

一九八九年、青森県内の農漁民、市民、労働者らが、国に対し、ウラン濃縮工場の事業許可取り消しを求めて、提訴した。その後、低レベル放射性廃棄物貯蔵センター、高レベルガラス固化体貯蔵施設などの事業許可取り消しも求めるなど、連続して提訴され、裁判が続いている。

原告・住民側は、これらの裁判を、国を相手とする行政裁判として行なってきた。それに対し、日本原燃は、二〇二一年一一月、自分たちも影響を受けるとして、裁判に参加する申し立てを行った。日本原燃はプレスリリースで「当社の廃棄物管理事業および再処理事業の許可申請が適切な内容で行われたことを主張・立証してまいります」と発表している。横田元最高裁判事は、二〇二三年現在も日本原燃の取締役を続けている。

(4) 東京電力福島第二原発差止の株主訴訟で原告敗訴を踏襲した高裁判事

一九八九年一月一日、福島第二原発で、原子炉の炉心に冷却水を送り込む再循環ポンプの羽根車が損傷する事故がおきた。東電は異常な状態が続く中、出力を低下させながらも運転を継続し、原子炉が停止したのは六日後だった。

その後、東電は、傷ついた部品を削って再使用するだけで原発を再稼働した。東京電力の事故に対する対策が無謀だとして、作家の広瀬隆氏ら株主が東京電力の取締役に対して、「三号機の運転継続を命じてはならない」と求める仮処分を東京地裁に申立てた。広瀬氏らは、福島から離れた地域の住民が行政裁判や民事裁判を起こしても「原告適格」が認められないだろうと判断し、株主として申立てを行なった。

東京地裁は、取締役の事故防止に関する注意義務を認めながらも、「特段の事情がない限り、行政機関の検討結果を信頼して運転を継続する限り善管注意義務（善良な管理者としての注意義務）に違反しない」として、株主側の求めは認められなかった。東京高裁、最高裁いずれも株主側の言い分は認められず、広瀬氏らの敗訴が決まった。

このうち、東京高裁で裁判長を務めたのが鬼頭季郎《すえお》氏だ。鬼頭氏は二〇〇五年、裁判官を退官。内閣府情報公開・個人情報保護審査会会長を務めた後、二〇〇八年から一五年の間、西村あさひ法律事務所の顧問弁護士を務めた。そして、西村あさひ法律事務所を退職した後の二〇一六年から二二年まで、原子力損害賠償紛争審査会特別委員を務めた。

ここでは直接的な事例に限ったが、原発訴訟を担当して企業側・国側に有利な判決を下した後に、関連の業界に再就職した事例は多くある。たとえば、内閣法制局長官を経て一九九〇年に最高裁判事に就任した味村治氏は、一九九二年に四国電力の伊方原発一号炉訴訟、日本原子力発電東海第二原発一号炉訴訟で原告・住民側の上告を棄却し、一九九四年に退官した後は原発の設計・建設・維持を業務とする東芝の社外監査役を務めている。

裁判所、国、企業を結び付ける巨大法律事務所

原発だけにとどまらない。巨大法律事務所は、大企業と国、そして裁判所を結びつける役割を果たしつつあるのかもしれない。財務省理財局長、国税庁長官を務めた可部哲生氏は、二〇二二年から西村あさひ法律事務所のオブカウンセル（顧問）に就いている。可部氏の妻は岸田首相の妹だ。

西村あさひ法律事務所は、二〇一三年、どちらも原発製造企業である三菱重工と日立製作所の火力発電システム事業の統合条件を扱っている。同じく原発関連企業である東芝にリーガルアドバイス（法的助言）を行なったこともある。

「ローファーム〔巨大法律事務所〕が接着剤になって、あっちこっちをくっつけた結果、あってはならない癒着構造を作ってしまったんじゃないか。いつの間にこんなことに、という衝撃がありますね」

こう話すのは、澤藤統一郎弁護士だ。澤藤弁護士は、一九七一年、「司法の危機」と言われた時代に弁護士となっている。当時最高裁は、憲法と平和・人権擁護を目的とする青年法律家協会（青法協）所属裁判官の脱会工作に執心していた。いわゆる「ブルーパージ」だ。七一年春には、青法協会員裁判官の再任拒否や、七名の同期裁判官志望者に対する任官拒否などの事件も重なった。同弁護士は、それ以来今日まで、司法の独立を目指す活動を続けてきた。

澤藤弁護士は、大企業や国と巨大法律事務所の関係について警鐘を鳴らす。

「ビジネスローヤー〔企業法務を主に取り扱う弁護士〕が集団化し肥大化して、個別企業の利益擁護活動を超えた存在となることには警戒せざるを得ない。彼らは、個別企業とだけでなく、国や行政機関や自治体や政党とも容易に接触して継続的に密接な関係をつくる。本来は独立してしかるべき組織間を接着する機能をもつ。気付かないうちに、裁判所と国と企業とを結びつけるハブ〔中軸〕の役割を果たしつつある。

企業弁護士集団である特定の巨大法律事務所が、一面において最高裁裁判官の給源となり、また同時に最高裁裁判官の天下り先ともなっている。こうして形成された最高裁と特定の巨大法律事務所とのパイプを中心に、巨大法律事務所が、裁判所、国、企業の密接な癒着構造を形作っている。その構図が、二二年六月の国を免責する異様な最高裁判決となって顕在化したと言わざるを得ない」(『法と民主主義』二〇二三年七月号)

避難者訴訟の原告・避難者側弁護団の代表を務める小野寺利孝弁護士もこう警告する。

「最高裁裁判官の選任手続きであったり、最高裁の事務総局のありかたであったり、あるいは判検交流〔裁判官と検事の人事交流〕などという、これまでも司法が抱えてきた問題が、今、鋭く、国民の人権を抑圧するところにまでなっている。しかも、再び3・11のような過酷な事故が起こりかねないような状況を作り出し、万が一それを起こったところで責任はないというようなありようになっている。もはやこれ以上見逃すことができないというところまで来てるんではないでしょうか」

※1　『南海トラフ巨大地震でも原発は大丈夫と言う人々』（樋口英明、旬報社、二〇二三年刊）より引用。

第三章　原発回帰へ舵を切る日本

経営難の東電は被災者とどう向き合うのか

「レジスタンス判決」

二〇二三年三月一〇日、最高裁判決後、初めての国賠訴訟判決となるいわき市民訴訟控訴審判決が言い渡された。

この訴訟を担当したのは、避難者訴訟で長期評価を評価した上で、東京電力の責任を厳しく糾弾し、避難者の故郷喪失の慰謝料支払いを命じた、仙台高裁小林久起裁判長を含む三人の判事の裁判体だ。判決は次のように述べる。

経済産業大臣が技術基準適合命令を平成一四（二〇〇二）年末に発していれば、長期評価により想定される最大で一五m程度の津波高さとなる想定津波を前提とし、かつ、「安全上の余裕」を確保した上で、防潮壁の設置、あるいは「重要機器室の水密化」及び「タービン建屋等の水密化」を講じ、本件津波が到来しても、非常用電源設備等が浸水して原子炉が冷却できなくなって炉心溶融に至るほどの重大事故が発生することを避

けられた可能性は、相当程度高いものであったと認められる。(中略)
経済産業大臣が、長期評価により福島県沖を震源とする津波地震が想定され、津波による浸水対策を全く講じていなかった福島第一原発において重大な事故が発生する危険を具体的に予見することができたにもかかわらず、長期評価によって想定される津波による浸水に対する防護措置を講ずることを命ずる技術基準適合命令を発しなかったことは、電気事業法に基づき規制権限を行使すべき義務を違法に怠った重大な義務違反であり、その不作為の責任は重大であるといえる。

最高裁判決が避けた長期評価に対する信ぴょう性を認め、長期評価が出された二〇〇二年に国が対応していれば、重大事故が起きなかった可能性が高いとしている。さらに最高裁が、「本件事件前の我が国における原子炉施設の津波対策は、防潮堤、防波堤等の構造物を設置することにより上記敷地への海水の侵入を防止することが対策の基本とされていた」として否定した原発施設の水密化についても、もし国が長期評価を認めていれば、重大な事故の発生を予見することができ、津波による浸水に対する防護措置、すなわち水密化を命じることができた、国が水密化の命令をしなかったことは重大な義務違反であり、その不作為の責任は重大だ、と指摘している。
ここまで読んだ限りでは、仙台高裁は、福島第一原発事故での国の責任を明確に認めたとしか言いようがない。

しかし、判決は、引き続いて、3・11の過酷事故という結果を回避することができたか否かというテーマについては、次のようにこれまでの司法判断と異なる極めて高いハードルを設定した。

津波の想定や想定される津波に対する防護措置について幅のある可能性があり、とられる防護措置の内容によっては、必ず本件津波に対して施設の浸水を防ぐことができ、全電源を失って炉心溶融を起こす重大事故を防ぐことができたはずであると断定することまではできない。

そのうえで、原告らの被った損害について、

国家賠償法一条一項の適用にあたり、経済産業大臣が、電気事業法に基づく規制権限の行使を怠った義務違反の不作為によって、違法に損害を加えたと評価することまではできないと考える。

と判示した。

こうして仙台高裁は、最高裁判決の結論と同じように、国の責任を否定した。

小野寺弁護士は、仙台高裁で原告・住民側が勝訴した避難者訴訟の弁護団代表を務めるとともにいわき市民訴訟の弁護団代表も務めてきた。避難者側の弁護士として、同じ小林裁判長から勝訴した避難者訴訟、敗訴したいわき市民訴訟、両方の判決を受け取ったことになる。

「仙台高裁の小林コート〔裁判体〕とは、私たちは、かなり長くお付き合いしてるので、私はあの判決はものすごく衝撃で、愕然としました。長期評価については、その信頼性をしっかり評価したわけです。そして国が、規制権限を行使しなかったことは違法だというところまで断定してるんですね。これは、最高裁の多数意見が全部ねぐったところを下級審の裁判官がしっかりそこを書き込んだんだと言えると思います。

国が規制権限を行使したら過酷事故を防げたかという『結果回避可能性』のところでは、規制をしたからといって防げたとは言えないという誰が聞いても非常識な判断をした。小林裁判長は、この間、原発問題で、とりわけ賠償問題については、東電の責任をものすごく厳しく、糾弾するような判決をいくつも書いてるんです。でも国賠訴訟になった途端に、『あの大津波では防げたという確証がないでしょう』となってしまう。私が信頼していた小林裁判長でさえ、あのように、いわば屈服してしまう。筆を折ってしまう。最高裁の権力にひれ伏したと言われても仕方がないんではないかと。〔これから判決を迎える〕全国の高裁・地裁にいるであろう良心的な裁判官は、ますます厳しい局面に立たされるんだろうと思います」

　同じく両訴訟の弁護団幹事長を務める米倉弁護士は、判決を言い渡した仙台高裁判事の意図をこう指摘する。

「前半部分が、仙台高裁の判断なんですよ。予見を基に原発事故の時点で開発されていた技術を用いて対策をとれば事故を回避できた可能性は十分にある。だから国と東電には責任がある。その上で、後半部分は、『最高裁がこう言うんだからしょうがないじゃない』ということなんです。つまり最高裁が、『結果の回避の可能性はない』と言ってしまったので、下級審はそれに拘束されざるを得ない。『私たちのやるべき事実認定をきちんとやった上で、あとは最高裁の言っていることをただ書いただけだからね』と。

　今後、この判決は、最高裁のどこかの小法廷で審議されます。仙台高裁の裁判官は、『こんな無様な最高裁判決を維持できるのですか。最高裁がやらかした失敗は最高裁が変えるしかない。あなた方、最高裁が変えなさい』と言っているのだと思います。私はこれを『レジスタンス判決』と呼んでいるんです。『面従腹背判決』と呼ぶ弁護士もいます」

　二〇二三年夏以降、全国各地の高裁で争われている原発事故関連訴訟で判決が出されていく。そしてその多くが、最高裁判所に上告される可能性がある。国、最高裁判所、東京電力、原発関連企業、そして大手法律事務所が深く結びつく中で、原発関連訴訟について、どのような判決が言い渡されるのであろうか。

遅すぎた追加賠償

二〇二二年三月、最高裁は、生業裁判を始め七つの原発事故損害賠償訴訟で、東京電力、原告双方に対し、上告棄却、上告受理申立を不受理とする決定をした。東京電力の敗訴が確定し、東京電力が国の賠償指針である中間指針を上回る損害賠償を支払うことが決まった。

これにともない、同年一二月、国の機関である原賠審は、二〇一三年一二月以来九年ぶりに、それまでの中間指針を見直し、「中間指針第五次追補」を発表した。副題は、「集団訴訟の確定等を踏まえた指針の見直しについて」とされている。

内容は、故郷が変容したことへの慰謝料二五〇万円の追加（居住制限区域・避難指示解除準備区域）、事故直後の過酷な状況での避難に対し区域に応じて最大三〇万円の追加、要介護状態や妊娠中だった避難者への一万〜三〇万円の追加、子どもや妊婦以外の自主避難者の賠償期間の拡大などだった。東京電力は、この五次追補にもとづき、追加賠償の支払いを始めている。

浪江町は、本書の第一章で詳しく見たように、町をあげて集団ADRでの和解を目指したが、東京電力の和解拒否によって仲介は中断された。浪江町職員として集団ADRに関わる業務を担っていた鈴木清水さんは、町民の一人として、裁判に参加している。五次追補に従い、今になって、東電が追加賠償を支払い始めたことに対し、憤りを隠せない。

「東京電力は、今般、中間指針第五次追補を踏まえた追加賠償を示しました。過酷な避難生活により亡くなられた方にとっては、町の集団ADRで東京電力が和解に応じていれば、ご存命のうちに賠償金が支払われ、避難による精神的苦痛が少しでも和らいだであろうと思います。なぜ今、追加賠償なのか。遅すぎる、と悔しい思いがあります」

迷走する東電の裁判戦術

二〇二三年五月二四日、大阪地裁で、原発賠償関西訴訟（関西訴訟）の一回目の原告本人尋問が行なわれた。

法廷に立ったのは原告番号1－1の森松明希子《あきこ》さん（四九歳）だ。二〇一一年六月、福島県郡山市から当時三歳の長男と六カ月の長女を連れて、大阪に避難した。郡山市内の病院に勤め、地域医療に従事していた医師の夫は、そのまま郡山に残った。その後、一二年間にわたって家族別々の生活を送っている。

小さな子どもを抱えながら放射能汚染におびえた郡山での日々、大阪に避難した後の家族ばらばらの暮らしのつらさなどをつづった森松さんの陳述書に対して、二〇二二年五月、東京電力側は一九ページにわたる準備書面を提出した。

「郡山市の住民はほとんど避難しておらず、原告1－1は出生から二八歳まで長期間を関西で過ごしており、そのため故郷である大阪市での生活を選択した推認されることからすると、京都市や大阪市への移動や転居については本件事故と相当因果関係が認められない」

さらに「弁済の抗弁」についても東電側は主張した。

「原告らの請求については、本件事故と相当因果関係にある損害の発生は認められないが、仮に認められるとしても、被告東京電力は、直接請求手続きを通じて、原告らに対して前記1の通り賠償済みであり既払額を上回る損害の発生は認められない」

森松さんの一家四人が東電から受け取った賠償金は、一二年間で約一三〇〇万円。中間指針に示された賠償のみだ。東電は、もし、森松さんが原発事故の損害を受けていたとしてもこれを上回るものはないと主張している。

原告本人尋問は、最初に原告側弁護士による主尋問が一時間、その後被告・東京電力側弁護士、国側弁護士が一時間、反対尋問することとなっている。二〇二三年五月の原告本人尋問の様子を、筆者の傍聴メモをもとに一部を再現してみる。

まず原告側の山西美明弁護士の尋問から。森松さんが日々の出来事を記していた手帳をもとに、親子離れ離れでの避難生活について尋ねた。

山西弁護士「母子避難を実行されて最も悩むことは何ですか」

森松「放射線被ばくの線量の高い福島から、大阪に子どもたちを避難させることにはなりました。子どもを放射線から遠ざけて、健康被害のリスクを下げることはできたとしても、家族四人で何不自由なく本当に幸せだった福島での暮らし、子どもたちが家族両親とそろって、父親と母親の愛情を本当に日々受けながらの家族団欒の温かい四人家族の生活を失ってしまいました」

山西弁護士「子どもたちの健康状態について、あなたはどのように思いますか」

森松「原発爆発直後二カ月ほど、一番放射線量が高かった時に、何も知らずに、福島に暮らして、福島の空気を吸っていました。放射性物質が検出されたとわかっても、その水を飲むしかありませんでした。一歩も外に出さないといっても、幼稚園の行き帰りなど、少しは子どもたちを外にも出してしまっていますので、本当にどんな影響が出るかわからない。一番、被ばくに直面している中で、本当に福島からもっと早く避難すればよかったとか、〔汚染された〕水を飲まずに、〔汚染されていない水を〕もっと手に入れる方法もあったのかもしれないと思うこともありますし、いろいろ思うことはあります。二カ月後の避難が精いっぱいだというふうに思いますが、今もこれからもずっと、〔原発事故直後に〕福島で子どもを育てていたことは、私にとっては重い十字架を背負っているというふうに思っています」

森松さんは、時には涙ながらに訴えた。森松さんが何よりも訴えたかったのは、すべての人々、とりわけ子どもたちに被ばくから逃れる権利があるということだった。

続いて、被告東電側・岡内真哉弁護士による尋問。

岡内弁護士「ご主人から郡山に住んでいると危険だということを聞いたことがありますか」

森松「被ばくをさせないために、例えば日々の買い物も、その食材を買うのも、私専業主婦だったので3・11前までは全部私が家のことをやっていましたが、その日を境に……」

岡内弁護士「私の質問は、ご主人から福島住んでいると危険だといったようなことを言われたことは……」

森松「〔夫が〕『危険なので、〔子どもたちはなるべく外に出さずに〕買い物も僕が仕事に行って帰ってくるときに二四時間スーパーとかで買ってくるから』ということで、『日常的に食材とか、まだ離乳食も始まっていない子どもたちもいるので、何を買ってきたらいいか紙にメモを書いておいて』って言われて、危険だということがよくわかりましたし、夫も同じ気持ちで、子どもをいかに外に出さないというふうなことで協力をしながら子どもたちを被ばくからまもっていました」

東電側弁護士が執拗に尋ねたのは、医師である夫と森松さんがどんな会話を交わしていたかということだった。同じ趣旨の質問が繰り返されていると。

東電側弁護人「郡山で……」

裁判長「ちょっと待ってください。繰り返しになってるような……」

東電側弁護士「はい。チェルノブイリの報道を見てご主人と相談されたということですけれども、ご主人はなんと応えましたか」

裁判長に注意されながらも夫との会話についての質問が続く。そのあとは、森松さんが避難した関西で見たチェルノブイリに関するテレビ番組について、こと細かい内容を問いただす質問が続いた。一二年間に及ぶ避難生活の実態に関する具体的な質問はほとんどなく、夫が何を言ったか、見たテレビはどんな内容だったかなどについて延々と尋問が続いた。

筆者がこれまで傍聴してきた裁判では、例え詳細な質問が続くとしても、その意図は、明確に読み取れた。しかし、今回は、東電側弁護士の質問の意図がどこにあるのか、読み取ることがなかなかできない。いってみれば「オチ」がない質問が延々と繰り返される状態だ。森松さんは、そんな質問にも的確に答えていく。時には、森松さんが、東電側弁護士の尋問に答える形で、避難の実態について話し始めると、東電側弁護士が慌てて質問を別の方向に変えることもあった。もちろん、森松さんら原告側が、十分な準備をして尋問に臨んだ結果であることは間違いない。しかしそのことを考慮しても、この日行なわれた森松さん以外の二人の原告本人尋問を含め、東電側弁護士は、与えられた一時間ないし三〇分の尋問時間を必死になって埋めているようにしか見えなかった。

本人尋問に臨んだ森松さんは、東電側の尋問に対してこんなふうに感じたという。

「被告の国・東電代理人の双方とも、冒頭から、イエスかノーかで端的に答えるよう要求し、具体的な被害事実が明らかに分かるような証言をさせないことに必死のように感じました。夫との会話を聞いているようで、実のところは、いかに、私に具体的な被害状況の話をさせないようにするかに腐心しているかのようでした。

証言台に立っている私本人ではなく、医師である夫の考えを述べさせようとすることは、本来なら私は夫ではないので『知りません』か『分かりません』としか答えようがありません。強制的に避難をさせてもらえなかった場合に、具体的にどのような苦難を強いられ、そこからどのように被ばくを最小限に抑えるかという、自力で被ばく防護を強いられる人々の具体的な被害の訴えを封じ、裁判官に区域外避難者の実際に受けた被害事実を想像させないようにすることに必死のように感じました。

放射能がばらまかれ、被ばくを避けるため、自力で避難をせざるを得ない人々は、避難費用も、避難継続の費用も、自分たちで負担しなければなりません。さらに、母子避難を典型とする家族離散状態の避難の場合は父子再会・家族再会のための費用もすべて自力で捻出しながら避難を続けざるをえないわけです。私たち『自主避難』とされた区域外避難者の自力で捻出した費用は実損として明確に認定されるべきものです。さらに、避難できたとしても家族離散の状況は、『家族』という社会的最小単位であるコミュニティの破壊であり、人格権の侵害です。〔東電側弁護士は〕その具体的な損害を述べさせないために、法廷にはいない『ご主人の見解』をしつこく聞き続けて、具体的な被害状況を語らせない姑息な法廷戦術に出たのだと感じました。でも、ある意味、東電側代理人の愚問に対して、自分の思いを織り込み、ていねいに答えたことで、精神的苦痛も含め、子どもたちの受けた被害や避難元にとどまらざるをえなかった夫の被害など、一人ひとり異なる区域外避難者の実態が、よりいっそう明白になったように思いました」

意図が明確でない東電側による尋問は、森松さんに対してのみではない。

「私たちも法廷で同じことを感じているんですよ。この一年ぐらいですかね。彼らが立証のテーマ、目的みたいなものを見失ってることは確かですね」

こう話すのは、原発事故全国弁護団連絡会の代表世話人も務める米倉勉弁護士だ。

いったい、何があったのか?

二〇二〇年九月、愛媛県に避難した被災者たちが国と東京電力に損害賠償を求めた裁判で、高松高裁は、東電の「弁済の抗弁」の主張を退ける判決を言い渡した。

同主張〔弁済の抗弁〕が容れられる可能性があるのであれば、第一審原告らの財産的損害の内容及び金額すべてについて主張立証せざるを得なくなる……そして、このような事態は、本件事故による多数の被災者を迅速に救済するという原賠法に基づく中間指針等の策定趣旨にも著しく反する結果になるといわざるを得ない。……一つ一つの支払いが、損害項目と金額を特定して、合意の上で行われている以上、これを「払いすぎた」と主張する余地はなく「弁済の抗弁」はおよそ成り立たないことが明らかである。

二〇二二年三月までに、最高裁はこの愛媛訴訟を含め、七つの原発避難者訴訟について、東電の上告を不受理とし、東京電力の敗訴が確定した。つまり、東京電力が主張していた「弁済の抗弁」は、最高裁によっても否定された。

さらに、先述したように国はこの最高裁の結果に基づき、中間指針五次追補を定め、賠償の追加を決めた。「これまで払ってきた賠償を超える損害はない」という東京電力の主張は、国によっても否定されたことになる。

二〇二三年三月、東京電力は仙台高裁で賠償の上乗せ判決を言い渡された南相馬市原町訴訟について、上告を取り下げた。その他、三件の訴訟でも控訴や上告をしないことを明らかにした。

これまで東京電力は、福島第一原発事故での損害賠償訴訟で控訴や上告を取り下げて和解に応じたことはなかった。東京電力は、「中間指針第五次追補が策定されたこと、被害者への支払いを早期に進めるべきことなどを総合的に勘案した」とコメントしている。

法廷の場でも東電の態度に変化がみられるという。米倉弁護士はこう話す。

「声高に、すべてについて過払いになっているんだ、というような乱暴な物言いは影を潜めた。もうちょっと小粒になって、何月何日にこういう名目で支払いをしてしてるけれども、それは実は大まかな金額を概算で払ったものであって過払いになっている、あるいは東電が過払いだと気づかないで払ってしまったんだ、とか言って、個別に何十万円について、その分を慰謝料から控除をしろという主張などは今でも続いています」

厳しさを増す東京電力の経営状況

国によって追加の賠償の方針が定まった今でも、賠償額を値切ろうとする東京電力。その背景には、東電の厳しい経営状況がある。

東京電力の損害賠償の支払いは合計で約一〇兆七四〇九億円となった（二〇二三年六月二日現在）。中間指針第五次追補により、損害賠額はさらに三八五四億円、企業の営業損害、風評被害などの延長で約一二二〇億円、増える見込みだ。事故から一二年たっても、被害が増え続けていることを示している。繰り返すが、これは原発のリスクでありコストだ。

東京電力は、二〇二二年度（二〇二二年四月〜二三年三月）、前年度比三二七六億円の減益で、二八五三億円の赤字となった。原発事故直後の二〇一二年度以来の赤字だ。理由はウクライナ戦争により燃料・卸電力市場価格が高騰し電気調達費用が増加したことなどとしている。国が立て替えた損害賠償分を東電が毎年返却する「特別負担金」も二〇二二年度は支払えなくなった。さらに二〇二三年六月から電気料金を平均一五・九〇%値上げすることとなった（一般家庭規制料金）。しかもこの値上げ幅は、同年秋に柏崎刈羽原発が再稼働することを前提にして試算した結果だ。原子力規制委員会は短期間で再稼働を認めることはないと明言している。もし、再稼働が見送りとなれば、東電の経営はますます厳しいものとなる。

一方、責任はないとの最高裁からの免罪符を手にした政府は、どうか。

「原発回帰」への大転換

政府に福島第一原発事故の責任はないという最高裁判決から約二カ月たった二〇二二年八月二四日。

原子力発電所については、再稼働済み一〇基の稼働確保に加え、設置許可済みの原発再稼働に向け、国が前面に立ってあらゆる対応をとってまいります。……再稼働に向けた関係者の総力の結集、安全性の確保を大前提とした運転期間の延長など、既設原発の最大限の活用、新たな安全メカニズムを組み込んだ次世代革新炉の開発・建設など、今後の政治判断を必要とする項目が示されました。……再エネや原子力はＧＸを進める上で不可欠な脱炭素エネルギーです。

岸田文雄総理は、GX実行会議でこう発言した。福島第一原発事故以来、日本は、「新たな原発を新設しない。原発の運転期間は、四〇年まで。原子力規制委員会が認めれば最長二〇年のみ延長」という原発への依存を減らしていく政策を掲げてきた。岸田首相は、これまでの方針を撤回し、原発回帰の方向性を明確に打ち出した。

翌二〇二三年二月には、「GX実現に向けた基本方針」が閣議決定された。その内容は、カーボンニュートラルの実現とウクライナ戦争によるエネルギー価格の上昇を理由に、「グリーン・トランスフォーメーション」(GX)と名付けた「戦後における産業・エネルギー政策の大転換」を行なうとした。「再生可能エネルギーの主力電源化」を掲げつつ、原子力の活用を大前提として、最長でも六〇年と定められていた原発の運転期間を延長可能にすること、そして次世代革新炉の開発・建設を進めることが決められた。

同年五月三一日、原発回帰について国会で大論争になることもなく、自民・公明両与党、日本維新の会、国民民主党の賛成で、GX法とGX脱炭素電源法が成立した。GX脱炭素電源法は、原発に関する原子力基本法、原子炉等規制法、電気事業法、再処理法、再エネ特措法の五つの法律を束ねて改正したものだ。

原発の憲法と言われる原子力基本法には、「国の責務」という項目が新たに設けられた。原発を活用することで、電力の安定供給の確保や脱炭素社会の実現に向けた非化石エネルギーの利用促進などに貢献できるよう「国は、必要な措置を講ずる責務を有する」とされた。

原発の運転期間は、最長六〇年としながらも、原子力規制庁の審査やその準備期間、裁判による仮処分命令など電力会社が予見しがたい理由で運転が停止された期間は、運転期間から除外できる（その期間分運転を延長できる）ことになった。

原発の運転期間の延長についての権限は、これまで独立性の高い原子力規制委員会が持っていたが、原発推進政策を司る経済産業省に移された。これで日本の原発回帰への道筋は明確になったと言えよう。

二〇一四年、福井県に設置された関西電力大飯原子力発電所に対し、運転差止の判決を言い渡した福井地裁の元裁判官、樋口英明氏は、日本の原発政策の転換、特に原発の運転期間を六〇年以上に伸ばすことについて危険性を警告する。

「老朽原発は、老朽飛行機より危ないんですよ。なぜ危ないかっていうと、飛行機だったら隅から隅まで調べられる。だけど、原発は逆に大事なところほど調べることができない。放射能で汚染されているから。調べること自体ができないから危ない。でも、点検していれば済むという問題じゃないんです。もし点検できたとしても、故障はするんです。さらに、どこが故障するかは、神様じゃない限りわからない。老朽化するということはそういうことですよ。予想がつかないということなんです」

さらに大地震が起きる可能性についても、こう指摘する。

「活断層の地震は数千年かに一度しか起こらないと言われている。その地方地方だけで考えたら、起きないというのが普通と言えます。だけど、日本国全体で考えたら大きい地震が起きるのが普通なんです。日本の半分が壊滅してしまうかもしれない原発事故に対して、政府も裁判所もあまりに無知すぎます」

普遍的な社会保障の構築と、被害者の苦難に向き合う社会へ

避難者が幸せを取り戻すために

二〇二三年三月七日、埼玉で避難者支援にあたる専門家グループの猪股正弁護士と早稲田大学の辻内琢也教授らが、復興庁を訪れた。前年に行なった避難者アンケートを分析し、避難者に今、どんな支援が必要か、避難者自身も加わって協議してまとめた、「引き続く原発避難者の苦難を直視した継続的かつ実効的支援を求める要請書（２０２３）」を政府に手渡すためだ。復興庁側は、岡本裕豪審議官らが対応した。

辻内「ＰＴＳＤの可能性が高い人の推移は、二〇一五年まで、だいたい四〇％台まで下がってまいりましたが、その後高止まりしておりまして、今回の調査でも三七・〇％になります。ＰＴＳＤの可能性が非常に高いことに関連した項目として、いじめや嫌な経験、健康状態の悪化、家族の分断、自治体に対する不信感、相談者がいないこと、コミュニティが

断絶したこと、などがあげられます。そしてその根底には賠償の問題や住宅の問題、仕事の問題などが関連している。

核災害による国内強制移動が、今回の現象の根本だというふうに私どもは考えております。そのベースには社会保障制度の脆弱性というものがあって、さらにひどい状態に追い込まれているというふうに分析しております」

要請書には、アンケートで明らかになった、原発事故避難者の厳しい現状とともに、それを解決するための次の六項目の対策が提言された。

1　国による医療費等の減免措置縮小方針の撤回など、健康悪化に対する支援
2　経済的困難に対する支援：失業、住宅支援打ち切り、不十分な賠償・補償問題への対応
3　喫緊の孤立防止策と地元及び避難先地域におけるコミュニティ育成の支援
4　地元不動産の固定資産税負担等への適切な対応
5　長期避難を継続する権利の実質的保障等
6　普遍的な社会保障制度の構築と原発避難者の苦難に向き合う社会への転換

これに対し、復興庁の岡本裕豪審議官はこう回答した。

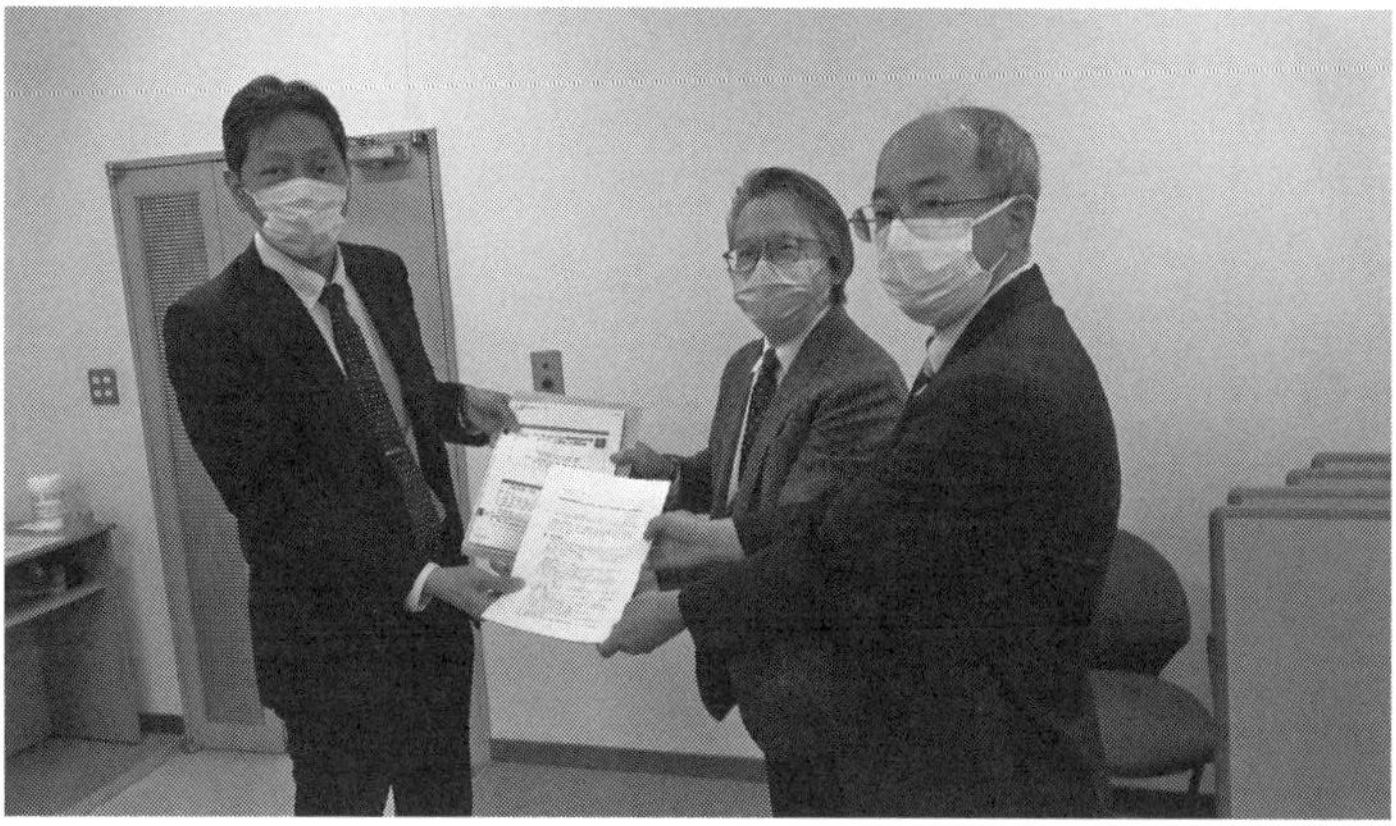
復興庁に申し入れをする猪股正弁護士（右端）辻内琢也早稲田大学教授（右から２番目）と復興庁岡本裕豪審議官（左）

「避難されている方々の孤独、孤立あるいはＰＴＳＤといった心の問題っていうのが非常にまだ大きい、そういう内容かと思っております。復興もまもなく一二年ということになるわけですけれども、この間、避難者の方々が抱える問題というのが、複雑化、多様化している。簡単にはなかなか言い尽くせないところではあるんですけれども、いろいろと個々にお悩みを抱えながら避難されている方がいらっしゃるというのは、我々も十分認識してございます。心のケアですとか、あるいはその孤立防止に向けた対策というのは、自主的に避難された方、あるいは避難指示区域から避難された方とかという区別なく、被災者に対する支援としてしっかりやっていくことが大事だという基本認識のもとでこれまでも政策を進めてきたというふうに考えております。いただいたご要望については、しっかりと受け止めさせていただければと思っております」

提言の最後、「分断を乗り越え、原発避難者の苦難に向き合う連帯社会への転換」という項目では、その最後を次のように締めくくっている。

自己責任が強調され、多くの人が、社会保障に支えられていない社会の中で追い詰められている。そして、追い詰められた人が、原発避難者や生活保護利用者等の一部の人だけが国からの給付や賠償金を取得することを受け容れ難く、特権のある者として非難し差別し、生きづらさを抱えた人同士の分断・対立が生じ、それが貧困の広がりとともに拡大している状況がある。今、私たちは、このような社会の分断の危機に、どう対応すべきかという重大な問題に直面しており、これは、原発避難者の苦難に社会が真摯に向き合えるかどうかという問題と重なっている。

人びとを、分断や対立へと向かわせる社会構造を変えなければならない。そのために、自己責任ではない、すべての人が広く支えられる普遍的な社会保障制度、すなわち、医療、介護、住宅、教育など、誰もが生きていくために必要な基礎的なニーズを満たす社会保障制度を構築すべきであり、それは、同時に、災害に強い社会を構築することでもある。……それが南海トラフ地震などの震災、豪雨災害、感染症災害、経済恐慌等の今後到来する社会危機への備えとなるとともに、原発避難者の苦難を社会全体で共有しその苦難をなくしていく真摯な努力を永く積み重ねていくための道である。

埼玉訴訟で被害者側の代理人を務める猪股正弁護士は、長年にわたり多重債務や貧困問題について取り組んできた。コロナ禍になってからは、「命と暮らしを守るなんでも相談」を一七回にわたって開催している。原発事故被害者の抱える問題は、決して原発事故被害者だけの問題ではないと訴える。

「原発事故とその被害の問題を風化させず、今後も長く向き合い続けるという社会としての覚悟が求められています。原爆被爆者の支援制度なども参考にしながら、医療、福祉、相談支援体制など、幅広い支援を長期間続けていくことも重要です。一方、より大きな視野も大切です。貧困と格差が拡大する現代社会で、生きづらさを抱え追い詰められているのは、原発事故の被害者だけではありません。非正規雇用で先が見えない人、コロナ禍で追いつめられているフリーランスの人……。多くの人が苦しんでいる中で、一部の人だけを対象にした支援は、分断や対立を生みます。様々な生きづらさの要因は、人間を支えず、自己責任を押し付ける社会構造にあります。分断や対立を乗り越える、大きな社会システム、政策の転換が、同時に必要だと思います。そうすることが、今後も長く原発事故の被害に向き合い続けることのできる、懐の深い寛容な社会への道だと思います」

“どっこい生きてる”被害者たち

二〇二三年一月、埼玉訴訟に参加する被害者たちが交流するために会が作られた。会の名前は「がんばる会」。代表には、看護師をしながら二人の子どもを育てているシングルマザーの河井加緒理さんが選ばれた。

月に一度、原発事故被災者、支援者、弁護士ら一〇人余りが集まり、「がんばる会」が開かれる。通常、原発訴訟原告団のあつまりは、弁護士が裁判の進行状況をとこれからの予定を詳しく説明し、それに対する質疑応答、原告の決意表明で終わることが多い。ところが、埼玉の「がんばる会」の集まりは、一味違う。まず、代表の河井さんが、こう話し始めた。

「皆さんに出していた宿題についてです。みんな、ひとつずつ何か面白い話をしてください」

手を挙げたのは、避難して以来、話す友達もなく「テレビだけが友達」という陳述を東電側から攻撃され、怒りをあらわにしていたBさんだった。

「昔の話なんですけど、そのころ、東京電力で働いていたんですよね……」

ある日、Bさんは、東京電力の社員と車に乗って出かけることになったという。

「一緒に乗ったのがかなりえらい人たちだったんですよね。しばらくしたら、なんか臭いにおいがし始めたんです。みんな気づいたんですけど……。そうしたら一人の社員の方が『俺かな』って言うんです。『実はしばらく着替えてなくて、パンツも裏返して履いているんです』って言うんです」

出張中か単身赴任中の東電社員だろうか、みんなは不憫なことだと同情したような顔だ。Bさんはさらに続ける。

「でも、原因は私だったんです。実は、車に乗る前にイヌの糞を踏んでいたんですよね。全然気づいていなくて……。東電の社員にとんでもない濡れ衣を着せてしまったんです」

参加者は大笑い。

以前、「お話しする人がいないとすごーく寂しい。なんか本当に何もない自分が悲しい。自分の価値はなくなったんだろうなって。心も閉じこもっちゃって、なんかこう、ただ生きてるだけ。こんなだったらいつ死んでもいいと思うような、そんな毎日を送っているんです」と語っていたBさんの面影はそこにはない。夫が陳述した「もともと明るく、人を笑わせる面白い性格」の人に戻っていた。

長年連れ添ってきた夫婦のなれそめからこれまでの物語、子育ての話、懐かしいふるさとの風景……避難者の話はとめどなく膨らんでいく。この場では、弁護士も仲間の一人だ。「いろんな弁護士さんがいるけど、なんで弁護士に?」という河井さんのストレートな質問。猪股弁護士からは、青春時代のこんなエピソードも語られた。

「私、あまり自分に価値を感じられなかったんですけど、京都に行って大学山岳部に入って、仲間と一緒に自然に触れる中で生きる力をもらって。」

「三回生までは山ばっかり行ってて、授業出ないで大学の石垣にへばりついて岩登りの練習したり。哲学の道のそばに下宿してたんですけど、あるとき高校の同級生が泊まりに来て、男二人で真冬の深夜二時ころ哲学の道歩いてたら、脇の疎水〈堀〉から、すすり泣く声がして。……ぞっとして、二人でのぞいたら、女性が疎水に落ちてて震えながら泣いてて。山岳部で石垣登ってるから、疎水の石垣を降りて水に入って、助け上げて、家まで送って、なんてこともありました。確かに、同い年くらいの人だったけど、恋が芽生えたりはしなかったです。」

「司法試験も受かるの大変だったんですけど、仲間に支えられて、何とか生きさせてもらって、弁護士になれて、やりたい仕事させてもらって、ほんと運がよかったなって思ってて。一人じゃ生きられないし、受け取ったものを返せたらって。そういう中で、みなさんにも出会って、今があるって感じなんですけど。」

最後に話したのは河井さん。

「うれしい報告してよろしいですか。娘が高校入学できました〈拍手〉。先生は絶対無理という感じで、三者面談で『レベルを落とせ』と言われたんです。でも、勉強してない娘に活《かつ》を入れるために『〈受験させて〉落とさせます』と言ったら、そっから猛勉強して、もう無理だと見放された高校になんとか受かりました」

一同大歓声。河井さんの話は続く。

「〈高校三年生になる〉上の子が大学行きたいと言い始めまして。専門学校でいいじゃんって言ってるのに、学校の先生が『大学に行け』みたいな感じで言われて。学費がたくさんかかるんですけど、どうやって調達したらいいんですかねえ」

小林玲子弁護士からアドバイス。

「行きたくないのに行かせるのはつらいけど、行きたいという気持ちがあるんだから、ものすごく有意義なことだと思う。奨学金をいろいろ調べていく。もらえる奨学金もかなり増えてきてますよ。ベースはもらえる奨学金、その上でどうして足りない部分が貸与、ローンの奨学金を合わせる形。シングルマザーが使えるものが、たとえば町にあったり、県にあったりとか、まだ、時間もあるから、いろんな制度を取りこぼしなく調べてね。加緒理ちゃんが看護師になるっていう夢をかなえたことから考えれば、息子君が大学に行くのは、はるかにいける気がするんだけど」

河井さん「頑張ります。いろいろ調べてみます」

人々の記憶から薄れていく原発事故、その一方でいまだになくならない差別や偏見、福島出身という出自さえ明かせない避難生活、訴訟での東電からの攻撃、募るばかりの故郷への思い……。福島第一原発事故被害者たちは様々な困難を抱えながら一二年間を過ごしてきた。それでも避難者たちはそれぞれ〝どっこい生きてる〟。そして、そのことをこの場で、みんなで、確かめ合っていた。

河井さんは、こう締めくくった。

「今回も一個だけ宿題を出したいんですけど……、一日に一回は笑ってください。必ず一回、愛想笑いでもいいので笑ってください」

あとがき

司法の独立は、古くからある課題です。しかし、その課題は、今、新たな段階に入りつつあるのではないでしょうか。

本書の第二章の内容を月刊誌『経済』（二〇二三年五月号）に掲載した後、記事に対する反響の大きさに驚きました。とりわけ、弁護士など法律の専門家からの反響が多く寄せられました。原発事故訴訟に取り組むグループだけではなく、貧困問題に取り組むグループなど、様々な法律家の団体から、講演の依頼などが相次ぎました。私は、法律の専門家ではありません。法曹界の実状に精通しているわけでもありません。法律家の集まりでの講演は、「釈迦に説法」にしかならないのではないかと思いながらも、取材を通じて見聞きしてきたこと、感じたことを話しました。

多くの法律家の皆さんからの反応は、「こんなことになっているとは知らなかった」というものでした。「自分がかかわる訴訟での相手側弁護士の素性は知っている。しかし、巨大法律事務所、最高裁判所、大企業のつながりがこれほど深く広いものになっていることに、初めて気づかされた」といったものでした。

本書が、原発をめぐる状況だけではなく、社会保障、環境、労働など様々な分野で新しく形成されつつある司法と政府、巨大法律事務所の癒着の現況を詳らかにしていく動きの起爆剤になれば、と願っています。

原発事故訴訟の原告の皆さんからは、怒りよりも「がっかりした」という感想が多く寄せられました。

「自分たちが受けた被害を真摯に訴えていけば、裁判所は必ず受け止めてくれるだろうと期待して、一〇年以上闘ってきた。でも、最高裁がこんな現状では、勝てるはずがない」

一方、「最高裁判官四人のうち一人は避難者の勝訴を考えていた。裁判官全員が東電や国と密接な関係にあるわけではない」という声も聞こえてきました。

これまで、私を含め多くの人々は、裁判所全体を一つのものとしてみて、期待してみたり絶望してみたりしていたような気がします。これからの裁判では、裁判官一人ひとりの姿勢や来歴を見て、判断していかなければならないのではないでしょうか。

関西電力大飯原発運転差止判決を出した元裁判官の樋口英明氏は、「裁判官が一番気にするのは、世論だ」と話しています。社会問題にかかわる裁判で、どの裁判官がどんな判決を言い渡すのか、裁判の当事者以外の人々も含め、社会全体で見極め、声を上げていくことが大事になってきているのでしょう。

東京電力が、原発事故の損害賠償をめぐる訴訟の法廷で、避難者を公然と攻撃できる背景には、原発事故が生み出した「分断」があると思います。原発事故被害者とそれ以外の人々の分断、避難者と避難先住民の分断、避難区域からの避難者と避難区域外からの避難者の分断、避難区域の違いによる分断、賠償額の違いによる分断、放射線量に対する評価の違いによる分断、避難者家族内の帰還をめぐる意思の分断……原発事故により日本国内に様々な分断が生まれました。

しかし、この分断は、原発事故被災者が作り出したものではありません。分断のもととなる避難区域の設定、賠償の枠組などの政策は、すべて政府や行政が定めたものです。分断は国によって作り出されたものなのです。そして、この分断を利用して東京電力は、裁判に立ち上がった被災者たちに、「必要以上の賠償を求めるごく少数の人たち」というレッテルを貼りつけ、攻撃しています。

この構図は、生活保護受給者へのバッシングと似ていないでしょうか。特別に困った人たちだけを救済するという現在の社会保障政策の下では、私たちは、この先もずっと分断されつづけ、憎みあっていくということになりかねません。

原発事故被害にどのように向き合っていくかは、日本社会全体の在り方を決めていくことになると思います。その答えは、第三章の「普遍的な社会保障の構築と、被害者の苦難に向き合う社会へ」で示した方向にあると確信しています。

熊谷伸一郎さんには、月刊誌『世界』(二〇二二年八〜一一月号)に連載した時には編集長として、本書を作るにあたっては、出版社の垣根を越えて編集担当者として様々な力添えをいただきました。『世界』に記事を採用していただかなければこの本は存在しませんでした。『経済』編集担当の中島良一さんには、「『国に責任はない』 原発国賠訴訟・最高裁判決は誰がつくったか」というかなりタフな内容の記事を快く掲載していただきました。その勇気に敬意を表します。旬報社の木内洋育社長は、「この本を一刻も早く出すべきだ」と推してくださいました。『経済』に記事を掲載してからおよそ三カ月という短い期間でこの本を完成させることができたのは、木内さんの決断のおかげです。

そして何より、数多くの原発事故被災者の皆さんに取材にご協力いただきました。皆さんに心から感謝いたします。ありがとうございました。

二〇二三年七月一四日、ある取材を終え、宮崎空港のロビーで、この本の最終的な校正作業を行っているとき、避難者訴訟事務局長の金井直子さんから連絡がありました。明後日、南相馬訴訟の原告に対し、その翌日、いわき市民訴訟の原告に対し、東京電力が謝罪することになったとのことでした。東電の謝罪については、東電側と原告側のシビアな交渉の結果行われるため、直前まで、報道機関に知らされません。謝罪の内容も当日まで明かされません。七月一七日、いわき駅前のいわき産業創造会館。高原一嘉東京電力常務執行役員・福島復興本社代表は、いわき市民訴訟の原告たちに対して、小早川智明東電代表取締役社長の謝罪文を代読しました。

「避難された原告の皆さまにおかれましては、住み慣れた自宅や地域を離れ、不便な避難生活を送られたうえ、避難先から帰還された方も含めていわき市に居住されてきた原告の皆さまに、先の見通しのつかない不安や知覚できない放射能被ばくに対する恐怖や不安、これから伴う行動の制約や自然や社会の環境の変化等により、取り返しのつかない被害および混乱を及ぼしてしまったことについて、心から謝罪いたします。誠に申し訳ございませんでした。」

いわき市は、避難区域には指定されず、原告は避難区域外の住民です。避難区域外の原告に対し、東京電力が直接謝罪するのは、前日の南相馬訴訟原告とこの日のいわき市民訴訟の原告に対するのが初めてです。本書でも紹介したように、現在、全国で避難区域外からの避難者、いわゆる「自主避難者」が、東京電力、国を相手に裁判を行っています。今回の謝罪、こうした裁判にどのような影響を与えるのか、原告側の米倉勉弁護士は、こう話しました。

「いわき市民訴訟における仙台高裁の判決が認定した内容は、まさになぜ彼らが、避難命令、避難指示が出ていないのに自らの意思を持って避難せざるを得なかったのかという根拠そのものなんです。東電は、滞在者に対し謝罪し、自分たちの責任を認めた上で、どういう被害が生じたかについても真摯に受け止めたと宣言したわけです。東電は、区域外避難者に対する態度も改めるべきです。今回の謝罪の内容を現実化していくべきですし、まずはきちんと賠償に主体的に取り組むべきです。それが今日の謝罪の意味だろうというふうに私は確信します」
二〇二三年後半から二〇二四年にかけて、全国で争われている原発事故訴訟が次々と高裁判決を迎えます。その多くは、最高裁に持ち込まれると予想されます。公正・公平な裁判が行なわれるために本書が少しでも役に立てば、これほどうれしいことはありません。

二〇二三年七月二二日

◉著者紹介
後 藤 秀 典
（ごとう・ひでのり）

ジャーナリスト。
1964年生まれ。
NHK「消えた窯元10年の軌跡」、
「分断の果てに〝原発事故避難者〟は問いかける」
（貧困ジャーナリズム賞）などを制作。
岩波書店『世界』に
「東京電力 11年の変節」連載。

東京電力の変節——最高裁・司法エリートとの癒着と原発被災者攻撃

2023年9月20日　初版第１刷発行

著者　後藤秀典
ブックデザイン　坂野公一（welle design）
発行者　木内洋育
発行所　株式会社 旬報社
〒162-0041
東京都新宿区早稲田鶴巻町544
TEL 03-5579-8973
FAX 03-5579-8975
ホームページ https://www.junposha.com/
印刷・製本　中央精版印刷株式会社

ISBN978-4-8451-1842-7